有机生成

——『徐州—上合友好园』设计实践

LANDSCAPE ORGANIC GENERATION-DESIGN PRACTICE OF "XUZHOU-SCO FRIENDSHIP GARDEN"

张 浪 ／ 上海市园林科学规划研究院张浪劳模创新工作室 　著

中国建筑工业出版社

图书在版编目（CIP）数据

有机生成："徐州—上合友好园"设计实践＝
LANDSCAPE ORGANIC GENERATION–DESIGN PRACTICE OF
"XUZHOU–SCO FRIENDSHIP GARDEN" / 张浪著. —北京：
中国建筑工业出版社，2023.3
ISBN 978-7-112-28460-3

Ⅰ.①有… Ⅱ.①张… Ⅲ.①园林设计 Ⅳ.
①TU986.2

中国国家版本馆CIP数据核字（2023）第042970号

责任编辑：杜 洁 李玲洁
责任校对：李美娜

有机生成——"徐州—上合友好园"设计实践
LANDSCAPE ORGANIC GENERATION-DESIGN PRACTICE OF "XUZHOU-SCO FRIENDSHIP GARDEN"
张 浪 上海市园林科学规划研究院张浪劳模创新工作室 著

*

中国建筑工业出版社出版、发行（北京海淀三里河路9号）
各地新华书店、建筑书店经销
北京锋尚制版有限公司制版
上海昌鑫龙印务有限公司印刷

*

开本：965毫米×1270毫米 1/16 印张：10½ 字数：292千字
2023年3月第一版 2023年3月第一次印刷
定价：**148.00**元（含U盘）
ISBN 978-7-112-28460-3
（40937）

张浪 简介 ZHANGLANG INTRODUCTION

当代发明家
全国优秀科技工作者
全国绿化先进工作者
科学中国人年度人物
全国绿化奖章获得者
享受国务院特殊津贴专家

住房和城乡建设部科学技术委员会园林绿化专业委员会副主任委员
中国风景园林学会常务理事、城市绿化专业委员会副主任委员
中国林学会盐碱地分会副主任委员
全国风景园林专业研究生学位教育指导委员会委员

　　张浪，正高（二级）、博士、博士生导师，上海领军人才；1964年7月生，合肥人；1988年毕业于南京林业大学风景园林专业，先后在同济大学建筑与城规学院等校学习，是中国南方农林院校园林规划设计学第一位博士。长期从事风景园林教学、科学研究、项目实践和专业管理的一线工作，曾任安徽农业大学风景园林系主任、淮南市毛集区人民政府副区长、上海市绿化和市容管理局（上海市林业局）副总工程师（主持工作）、上海市绿化和市容管理局（上海市林业局）科学技术委员会副主任等职。现任上海市园林科学规划研究院院长，"城市困难立地绿化造林国家创新联盟"理事长，城市困难立地生态园林国家林业和草原局重点实验室主任，上海城市困难立地绿化工程技术研究中心主任。

　　主持完成国家科技部重点研发计划、中央财政专项、省市科委研发计划等30余项课题项目研究、大型工程建设项目规划设计100余项，主持项目获世界风景园林联合会（IFLA）杰出奖等国际奖4项；主持项目获上海市科技进步一等奖、中国风景园林学会首届科技进步一等奖、国家林业和草原局"梁希"科技奖一等奖、住房和城乡建设部"华夏"科技奖一等奖、中国发明协会发明创新成果特等奖及一等奖（以上均排名第一），获中国风景园林学会科技奖（规划设计类）一等奖、省部级优秀勘察设计奖一等奖等国内奖10余项。在世界风景园林联合会（IFLA）、国际科学与工程学会（WSEAS）及亚太地区部长级论坛、中国风景园林学会等组织国际、国内高层学术会议上，作主旨报告20余场。出版专著20余部；发表包括SCI在内的科技论文100余篇等。担任《园林》学术期刊主编，*Journal of Landscape Architecture*、《中国园林》《植物资源与环境》《风景园林》等期刊编委。

代序言：论风景园林的有机生成设计方法

摘要： 风景园林设计作为一种创作活动，其本源是一个有机逻辑生成推演的过程。本文针对现今一些风景园林设计中因偏离其创作活动本源，从而出现了异地复制设计、主观臆断设计等诸多问题的现象，回归本源，阐述自下而上的风景园林有机生成设计方法，揭示其延续性、系统性、独特性、动态性四大整体特征，筛选出本底资源、地域人文、服务功能、人本关怀、空间形态、空间风格等六大生成要素，并阐述各生成要素间的拓扑关系，以及各要素有机推演生成方法。目的是通过风景园林有机生成的设计方法学研究，实现设计与自然资源、设计与使用者以及设计各要素之间的协调统一和有机延续，实现场地的永续利用和可持续发展。

关键词： 风景园林；有机生成；设计方法

风景园林设计是利用土地及地表地物、地貌等资源，以满足人及人群需求为目的，综合协调山石、水体、生物、大气，以及城市、建筑构筑物、场地人文等环境因素，进行空间再造的人类活动之一。

"有机"一词来源于生物学中的"有机体""有机物"等概念。其在《现代汉语大词典》中引申释义为"事物构成的各部分互相关联，具有不可分的统一性"，并被广泛运用于生物、化学、文学、美学、设计等各个领域。结合风景园林概念，不难发现，不论是在设计过程中对于要素、空间、功能的协调安排，还是设计结果的对于人与自然和谐相处的追求，都与"有机"概念相吻合。

纵观历史，从中国传统园林中"自然原型"的提取凝练，不同园林要素间的"拓扑同构"以及"天人合一""虽由人作、宛若天开"的设计理想，到现代主义设计大师赖特的"有机建筑"、生态设计之父伊恩·麦克哈格的《设计结合自然》，有机的思维贯穿了传统风景园林设计的始终。优秀的风景园林设计，其作品往往如生长于特定场地之上独特的有机体一般，场地上各设计要素、空间、功能以及周边环境有机融合，形成一个各个部分相互关联、有机统一的景观系统。

然而，现今的很多风景园林设计，往往忽视了设计的有机性，人为割裂了设计的内在联系及其与周边环境的有机关联：或未立足基地本体，对基地及其周边自然资源与生态环境造成不应有的破坏；或忽视使用者功能需求，过度追求形态形式与立体构图；或忽略文脉与地域特征，设计作品趋于雷同，模仿之风盛行等等，各种设计问题层出不穷，回归风景园林设计有机本源，倡导卓尔有效的风景园林有机生成设计思维与方法迫在眉睫。

近年来，学界在风景园林设计理论与方法上，进行了诸多探索与实践，从"三元论""境"与"境其地"理论、文化传承与"三置论""耦合原理"等理论研究到数字化景观、海绵城市、雨洪系统等实践探索，都或多或少包含了有机生成的设计思想。本文试图提出并阐述风景园林有机生成设计方法，为风景园林设计方法论的最终形成做些有益的探索。

注：本文发表于《园林》2018第4期，题名为《论风景园林的有机生成设计方法》。

1. 风景园林有机生成设计方法提出

（1）风景园林有机生成设计的整体特征

风景园林的有机生成设计，其核心在于利用土地、地物、地貌、水体、气候条件，结合功能取向、人文资源等生成新的场地、功能、空间、人文等各要素和谐统一的有机整体。

从整体、结果上看，作为一个有机的景观环境系统，有机生成设计呈现出系统的特征：

1）延续性——风景园林有机生成设计，是对于场地要素的有机生成与逻辑推演。设计以尊重场地为前提，充分考虑、尊重、协调场地原始土地、地物、地貌、水体、气候条件等各个要素。因而，通过有机生成设计所形成的景观环境系统，可以很好地保留场地独特风貌，延续场地特征与场所精神。

2）系统性——作为一个类似生物有机体的景观环境系统，设计各生成要素相互联系、相互作用，共同形成整个景观环境系统的独特个性，并呈现出"整体大于部分之和"的特征。同时该景观环境系统又处于更大的环境之中，与周边环境相互融合，是更大的生态系统中的一个组成部分。

3）独特性——由于设计生成中场地、地域文脉等要素的不同，设计整体呈现出独特的地域特征。不同的场地资源条件、不同的功能需求、不同的植栽配置、不同的空间构成、不同的文脉传承共同催生的由场地而生的独特景观，也决定了设计的不可复制与不可移植。

4）动态性——不同要素的变化、周围环境改变而随之带来的设计改变、不同要素组成比例的侧重变化等都会影响整个有机生成设计结果的呈现，并赋予景观环境系统以动态特征。类似于生物有机体的开放系统，有机生成的景观环境系统通过各个要素内部调节，及其对环境的变化适应，可以保持持续性升级与活力提升。反之，也可能因要素调节不当使系统失衡、功能减退、活力衰落。

（2）风景园林有机生成设计的控制要素

风景园林设计的有机生成，归根到底，是在以遵从自然规律和人文情怀为前提条件下，人为改变场地上各要素、因子的衍生过程。因而风景园林的有机生成设计，其重点在于对于其主要生成要素的控制与关系协调。

在具体设计活动中，主要从场地资源、功能需求、空间形象三个脉络入手，重点对本底资源、地域人文、服务功能、人本关怀、空间形态、空间风格等6个主要生成要素进行推演和再造（表1）。通过对于每个生成要素中主要生成因子收集分析、选择确定、协调把控，最终生成一个新的协调统一的景观环境系统，实现场地的资源保护和可持续利用。

其中，本底资源、地域人文要素是对场地现状自然与人文资源与条件的尊重。服务功能、人本关怀要素是对于场地功能需求的回应。空间形态、空间风格要素是对于场地空间形象呈现的把控，也是整个设计生成中凸显设计创意的主要环节。

表1　风景园林有机生成设计要素及包含的主要因子

类别	生成要素	主要因子	类别	生成要素	主要因子
场地资源	本底资源	气候气象	功能需求	服务功能	生态功能
		土壤、地形地貌			景观功能
		水体水质			社会功能
		生物资源			经济功能
	地域人文	历史	空间形象	空间形态	空间布局
		文化			空间构成
		民俗			空间序列
功能需求	人本关怀	个人行为		空间风格	自然因素
		群体行为			地域因素
		社会行为			民族因素

（3）风景园林有机生成设计的拓扑关系

风景园林设计活动过程，实质是对各要素人为推演至最终生成结果，使要素间互相平衡、互相联动和满足功用的过程。其总体而言是一种自下而上的过程（图1），通过对场地各要素、各因子的综合考量与改变，设计生成新的自然、人文、功能、人本、空间特征，并最终生成一个满足场地资源条件限制、符合场地功能需求、具有自身空间形象特色的协调统一的景观环境系统。

在生成过程中，各个要素内部、各个要素之间以及各个要素与整体之间，呈现出相互依赖、相互限制、相互影

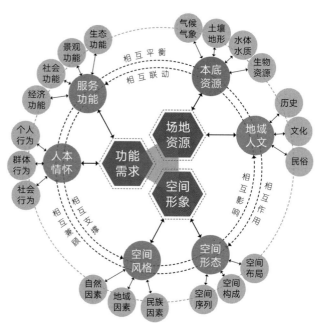

图1　风景园林有机推演生成拓扑关系

响、互不可缺的网状拓扑关系。例如，场地本底资源会对场地功能、空间的生成有所限制，而不同的功能需求又会催生不同的空间形象等。在具体设计活动中，往往根据基地特征，选择出一种或两种重要生成要素作为主导要素，来进行推演完成整个场地的设计生成。

2. 风景园林设计要素有机生成方法剖析

（1）本底资源要素的有机生成

"因地制宜，随势生机"，场地本底资源是风景园林有机生成的基础，对于整个景观环境系统的有机生成具有决定性作用。本底资源的有机生成，具体而言，主要包括对于场地气候气象（降雨量、风向变化、日照强度以及温度湿度等）因子的综合考虑、场地微气候的营造；对于场地土壤理化性质的明确与考量，对于场地原始地形地貌的尊重与因势利导；对于场地水环境因子的利用、改善或营造；对于场地内植物、动物、微生物等生物因子的综合分析及与其相匹配景观环境营建等。

例如，在设计初期，通过对地形条件进行分析，限制其不利的方面，突出其有利的方面，并尽量保留原有地形，既可保留场地原始特征，又可减轻设计的工程量。而在设计生成中适地适树理念的贯彻以及对于场地原生生境的保护或营建，则能更好实现场地的生态永续发展。

（2）地域人文要素的有机生成

地域人文要素的有机生成，主要是场地地域特征，包括历史、文化、民俗等特征因子的体现，其是整个场地有机生成的灵魂要素。在社会经济文化日益发展的今天，对于地域文化的关注与传承越来越受到人们的重视，在设计中对于历史、文化、民俗等人文要素进行有机生成，可以很好地体现场地地域特征，有效避免千园一面、千城一面等现象的产生。

同时，对于地域人文要素的有机生成，也是对于园林文化内涵的深入挖掘、是对于我国传统文化的有力传承。传统文化作为中华民族的瑰宝，是历史给予的馈赠，将其与现代景观设计相结合，可以生成更具有文化和情感认同感的景观环境。

（3）服务功能要素的有机生成

由风景园林设计所生成的综合景观系统，往往承载着各种功能，以满足使用者的需求以及风景园林自身发展与区域发展需求。因而不同的场地功能需求导向，也会影响设计的最终效果。服务功能要素的有机生成，主要体现在生态功能、景观功能、社会功能与经济功能四个方面。

由于不同的场地，其性质定位、资源条件、周边环境、使用人群等因素各不相同，其服务功能也往往各有侧重。例如，在一些生态功能需求较高的区域，设计主体往往以服务于场地生态功能为主，整体设计围绕生态展开生成，并最终形成以生态为主导的景观环境系统。

（4）人本关怀要素的有机生成

风景园林设计讲究以人为本，其最终是为场地的使用者服务的，因而在设计生成中，在满足场地一般功能的同时，需特别注意场地的人本关怀。设计中，需将使用者的行为心理作为重要的因子，满足不同使用者的不同需求。同时，结合场地功能特征，注重塑造场地独特的场所精神，赋予场地精神内涵。

在人本关怀要素的有机生成中，需要综合考虑场地中个人行为、群体行为与社会行为对于场地景观环境的不同需求，并在设计中予以反馈，提供发生必要性活动、可选择性活动和社会性活动等各类活动的丰富空间，激发景观环境中人们观看、参与、交往等多种行为可能。

（5）空间形态要素的有机生成

空间是风景园林设计的重要载体，从整体空间区划到具体空间构成，再到空间序列的串联，决定了整个景观环境系统的结构布局与特征。同时，不同的空间形态生成会带给使用者以不同的空间感受，形成不同的场所氛围。

在空间形态要素的有机生成中，需要根据功能与场地资源条件等的需求、限制，明确空间区划，划分空间旷奥；通过植物、建筑、构筑物等要素营建各类大小不一的生机勃勃的空间；通过各个不同空间的组合连接，形成不同的空间序列。例如，中国古典园林中常通过欲扬先抑的空间手法，通过空间的旷奥对比，给人以豁然开朗之感。

（6）空间风格要素的有机生成

空间风格特指某种空间造型形式所表现出的形式特征。不同的空间风格，源于不同的自然、地域、民族等因子影响。例如东南亚地区地处热带，受热带雨林或热带季风气候影响，多湿热，其景观空间富于变化，景观中常有较多廊亭与水景泳池穿插，植被茂密丰富、多热带大型的棕榈科植物及攀藤植物，同时受多种宗教文化影响和当地文化相融合，景观雕塑小品常常极具地域特征，整体景观风格极具热带风情。

在空间风格要素的有机生成中，除考虑场地设计功能需求外，需充分考虑场地特色及当地地域民俗因子影响，避免出现景观风格的刻板复制与不合时宜的低级模仿。

3. 结语

风景园林有机生成设计，是一种以延续地域特征为前提，顺应自然规律、尊重人的需求为法则，正确处理保护与利用关系，创造千差万别、永续使用的风景园林空间场所的人类活动。它立足于各要素逻辑推演，充分考虑各要素之间的有机统一，以及其与周边环境之间的有机联系，通过设计场地本底资源、地域人文、服务功能、人本关怀、空间形态、空间风格等各要素自下而上的设计生成，形成具有延续性、系统性、独特性与动态性特征的空间环境。由于设计自下而上的生成，充分提取凝练、平衡了场地各类要素，使得设计契合场地特征和人为活动需求，具有独特的个性，有利于实现场地的永续利用和可持续发展。

THE ORGANIC GENERATIVE DESIGN METHOD FOR LANDSCAPE ARCHITECTURE

Abstract: Landscape architecture design is a creative activity and is, essentially a process of organic, logical generation and deduction. In this paper, we describe a bottom-up organic generative design method for landscape architecture to resolve various problems caused by methods that deviate from landscape architecture's origin of creative activity, such as copy-cat design or subjective design. We reveal the four general characteristics of the method, i.e., continuity, systematicness, uniqueness, and dynamicity, and its six major generative elements, i.e., background resources, local culture, service functions, humanistic elements, spatial form, and spatial style, as well as the topological relationships among the elements and the organic derivation method of each element. Through the study of the landscape architecture design methodology of organic generation, we want to achieve orchestration and organic continuation between design and natural resources, between design and users, and among design elements, as well as the persistent use and sustainable development of the site.

Key words: landscape architecture; organic generation; design method

Landscape architecture design uses various land resources as well as the features and landforms of the land surface to achieve spatial recreation by comprehensively coordinating rocks, water bodies, organisms, and atmosphere, as well as environmental factors such as cities, building structures, humanistic elements, etc., to meet people's needs.

The term "organic" originates from concepts in biology such as "organism," "organic compound," etc. *The Contemporary Chinese Dictionary* interprets the term "organic" as "the parts of things that are interrelated and have inseparable unity," a concept that has been widely used in many fields, such as biology, chemistry, literature, aesthetics, and design. When combined with landscape architecture concepts, whether it is the coordinative arrangements of elements, spaces, and functions in the design process or the pursuit of design results that harmonize man and nature, the concept of "organic" is obviously in play.

Throughout history, from the design ideas of traditional Chinese gardens, e.g., the extraction and condensation of "natural archetypes," the "topological isomorphism" among various garden elements, the "union of Heaven and Man," and "appearing natural despite man-made," to the "organic architecture" of Wright, the modernist design master, and the *Design with Nature* of Ian McHarg, the father of eco-design, organic thinking has been ubiquitous in traditional landscape architecture design. The products of excellent landscape architecture design are often similar to unique organisms growing in a certain site whose design elements, spaces, and functions in the site are organically integrated with the surrounding environment, forming a landscape system with interrelated and united parts.

However, many of today's landscape architecture designs have often overlooked their organic nature and have manually separated the intrinsic connections of the design and its organic association with the surrounding environment. Such designs are either not based in the site itself, which causes unnecessary damage to the natural resources and ecological environment surrounding the site; ignores users' functional needs, and excessively pursues forms and spatial composition; or overlooks the site's context and local features, which result in designs that do nothing but imitate one another , along with various other design problems. Thus, it is high time to return to the organic origins of landscape architecture design and advocate for effective ideas and methods of organic generative landscape architecture design.

In recent years, scholars have intensively studied landscape architecture design theories and methods and have proposed ideas such as "trilism" , the theory of "scenery" and "making scenery of the site" , cultural heritage and the "three-position theory" , the "coupling principle" , as well as considering various practices such as the digital landscape, sponge city, rainwater systems, etc., all of which more or less involve the organic generative design perspective. Here, we propose and describe the organic generative design method for landscape architecture, aiming to explore some useful avenues for the final formation of landscape architecture design methodology.

1. Introduction to the organic generative design method for landscape architecture

(1) General features of the organic generative design of landscape architecture

The core of the organic generative design of landscape architecture lies in generating a new organic entity with harmony and unity of various elements such as the site, functions, spaces, humanistic elements, etc., by making good use of land, land surface features, landforms, water bodies and climatic conditions and combining functional orientation and human resources.

In terms of the whole picture and outcome, organic generative design produces an organic landscape environment system that exhibits the following system characteristics:

1) Continuity: the organic generative design of landscape architecture is the organic generation and logical deduction of the site elements. The design is based on respect for the site and fully considers, recognizes, and coordinates the elements of the site (e.g., original land, ground objects, land surface features, water bodies, and climatic conditions) so that the landscape environment system generated through organic generative design can preserve the unique features and spirit of the site.

2) Systematicness: the landscape-environment system is similar to an organism, and its generative design elements are correlated and interact with one another to jointly form the unique features of the entire landscape environment system while exhibiting the feature of "the whole being greater than the sum of its parts." At the same time, this landscape environment system is located within a larger environment and integrated with the surrounding environment as an integral part of a larger ecosystem.

3) Uniqueness: because elements in generative design (e.g., site and local context) differ, the design generally reflects unique local features. Different site resource conditions, different functional requirements, different planting configurations, different spatial compositions, and different heritage contexts give rise to a unique landscape created by the site, which also ensures that the design is nonreplicable and nontransportable.

4) Dynamicity: changes of different elements, design changes caused by surrounding environmental changes, and the changes of the weights of various elements affect the presentation of the overall generative design result while creating dynamic features within the landscape environment system. Like the open system of organisms, the landscape-environment system created through organic generation can continuously upgrade and improve its vitality through the internal adjustment of various elements and adaptation to environmental changes. Conversely, the system may also lose equilibrium, dysfunction, and decline in vitality due to improper adjustment of elements.

(2) Control elements of organic generative design of landscape architecture

The organic generation of landscape architecture design is essentially an evolutionary process that manually changes site elements and factors to comply with the laws of nature and human feelings. Therefore, the key to the organic generative design of landscape architecture is the control of the main generative elements and the coordination of the relationships among the elements.

In specific design activities, three approaches, i.e., site resources, functional requirements, and the spatial image, are mainly taken to focus on the deduction and recreation of six main generative elements, i.e., background resources, local culture, service functions, humanistic elements, spatial form, and spatial style (Table 1). By collecting, analyzing, screening, determining, orchestrating, and controlling the main generative factors of each generative element, a new coordinated and united landscape environment system is ultimately generated to achieve the resource protection and sustainable utilization of the site.

Among these elements, background resources and regional humanistic elements are associated with respect for the natural and humanistic resources and conditions of the site. The service function and humanistic elements address the site's functional needs, while the spatial form and spatial style elements control the presentation of the spatial image of the site, which is also the main aspect of the generative design that serves to highlight the design ideas.

Table 1. Elements of organic generative design of landscape architecture and their main factors

Category	Generative element	Main factor	Category	Generative element	Main factor
Site resources	Background resources	Climate and weather	Functional Requirements	Service functions	Ecological functions
		Soil, topography			Landscape functions
		Quality of water bodies			Social functions
		Biological resources			Economic functions
	Regional humanities	History	Spatial image	Spatial form	Spatial layout
		Culture			Spatial composition
		Folk custom			Spatial sequence
Functional requirements	Humanistic elements	Personal behavior		Spatial style	Natural factors
		Group behavior			Geographical factors
		Social behavior			Ethnic factors

(3) Topological relationships in the organic generative design of landscape architecture

The process of landscape design activities is essentially the process of bringing elements together to produce a final result in which the elements are balanced, interlocked, and able to meet functional needs. Overall, this process is a bottom-up approach (Figure 1) that comprehensively considers and changes elements and factors to ultimately generate a landscape environment system that accommodates the site resource limitations, complies with the site's functional requirements, and has its own spatial image characteristics.

In the generation process, topological network relationships that are interdependent, mutually restraining,

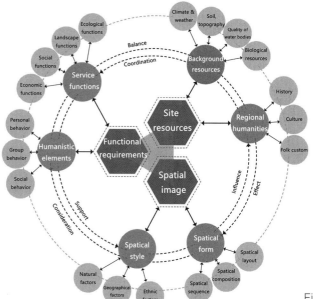

Figure 1. The topological relationships of organic deduction and generation of landscape architecture

mutually influencing, and indispensable to one another are present within the internal parts of each element, among the elements, and between each element and the whole. For example, site background resources can limit the generation of site functions and spaces, while different functional requirements give rise to different spatial images. In specific design activities, one or two important generative elements are often chosen as the dominant elements from which to deduce and complete the generative design of the entire site.

2. Analysis of the organic generative method of landscape architecture design elements

(1) Organic generation of background resource elements

"Implementing organic generative design according to local conditions" is the underlying principle of this approach. The site background resources are the basis for the organic generation of landscape architecture and play a decisive role in the organic generation of the entire landscape-environment system. Specifically, the organic generation of background resources includes the comprehensive consideration of the climate and weather elements of the site (e.g., precipitation, wind direction changes, sunlight intensity, temperature, and humidity); the creation of the site microclimate; the clarification and consideration of the physical and chemical properties of the site soil; the respect and proper utilization of the site's original terrain and topography; the utilization, improvement or construction of the hydrological factors of the site; the comprehensive analysis of the site's biological factors (e.g., plants, animals, and microorganisms); and the creation of a landscape-environment that harmonizes these elements.

For example, in the early stage of the design, analyzing the terrain conditions to mitigate the negative aspects while highlighting the positive aspects, maximally retaining the original terrain, not only preserves the original features of the site but also reduces the engineering quantity of the designed project. For example, the implementation of the idea of selecting appropriate tree species based on local conditions in the generative design and the protection or construction of the original habitat of the site can better achieve the ecological and sustainable development of the site.

(2) Organic generation of regional humanistic elements

The organic generation of regional humanistic elements primarily involves the presentation of the site's regional characteristics, including the presentation of unique characteristics such as historical, cultural, and folk factors — in other words, the soul of the entire site. Today, with the development of social economy and culture, increasingly more importance is attached to regional cultural heritage. In the design process, organic generation using humanistic elements such as history, culture, folklore, etc. can reflect the site's regional characteristics and effectively avoid the phenomenon of copy-cat design in cities and gardens.

At the same time, the organic generation of regional humanities elements in China is also an in-depth mining of the cultural connotations of gardens and the powerful inheritance of Chinese traditional culture. Traditional culture is a gem of the Chinese nation and a gift from history, and combining it with modern landscape design can generate a landscape-environment system with stronger cultural and emotional identity.

（3）Organic generation of service function elements

The integrated landscape system generated through landscape architecture design often carries a variety of functions that can meet the many and varied needs of users, of development of the landscape architecture itself, and of regional development. Therefore, the functional requirement orientations of different sites also affect the final outcome of the design. The organic generation of service function elements is mainly reflected in four aspects: ecological function, landscape function, social function, and economic function.

Different sites have different factors, such as the nature of the location, resource conditions, surrounding environment, and user population, so their service functions are often differentiated. For example, in some areas with higher demand for ecological functions, the main design subject is focused on paying service to the ecological functions of the site. The overall design in such a context is implemented and generated based on ecological aspects, ultimately forming an ecology-dominated landscape-environment system.

（4）Organic generation of humanistic elements

Landscape architecture design is people-centered, with the ultimate goal of serving the users. Therefore, in generative design, while providing the site's general functions, it is also necessary to pay special attention to the site's humanistic aspects. At the same time, combined with the site's functional characteristics, it is also necessary to attach importance to the creation of the site's unique spirit to appropriately recognize the site's spiritual connotations.

In the organic generation of humanistic elements, it is necessary to comprehensively consider the different needs of individual behavior, group behavior, and social behavior related to the site and its landscape environment and to reflect these needs in the design to provide adequate space for various activities, including necessary activities, optional activities, and social activities, thereby stimulating people's various behavioral possibilities in the landscape environment such as spectating, participating, and interacting with one another.

（5）Organic generation of spatial form elements

Space is a principal carrier of landscape architecture design. The overall zoning of space, the specific spatial composition, and the connection of spatial sequences determine the structural configuration and characteristics of the entire landscape environment system. At the same time, generations of different spatial forms can inspire different spatial feelings in the site's users, thereby forming different site atmospheres.

In the organic generation of spatial form elements, it is necessary to define spatial zones and openness according to the needs and limitations of the site's functions and resource conditions; to invest various living spaces of different sizes with vitality through plants, buildings, structures, and other factors; and to form different spatial sequences through the combination and connection of different spaces. For example, in Chinese classical gardens, the spatial expression method of restraining before loosening was often adopted to generate the perception of openness through spatial openness contrast.

(6) Organic generation of spatial style elements

Spatial style refers to the formal characteristics of a certain spatial form. Different spatial styles are derived from influences of different natural, geographic, and ethnic factors. For example, Southeast Asia, located in the tropics, is affected by tropical rain forests or tropical monsoon climate and is thus hot and humid, so its landscape space is richly varied, with many corridors, gazebos, swimming pools, and lush vegetation of tropical palm plants and climbing vines. Under the influence of various kinds of religious culture and their integration with the local culture, landscape designs in this region are often full of local features, making the overall landscape style very tropical.

In the organic generation of spatial style elements, in addition to considering the functional requirements of the site, it is necessary to fully consider the site characteristics and the influence of local folk factors to avoid stereotypical copying of the landscape style and tasteless low-level imitation.

3. Conclusion

The organic generative design of landscape architecture is a human activity that takes maintaining geographical characteristics as its premise, conforms to the laws of nature, respects the needs of human beings, and appropriately addresses the relationship between protection and utilization to create landscape spaces and sites that are diverse and sustainable. This process is based on the logical deduction of various elements and fully considers the organic unity among these elements, as well as their organic connection with the surrounding environment, to form spatial environments with the characteristics of continuity, systematicness, uniqueness, and dynamicity through the bottom-up generative design of various elements (site background resources, regional humanistic elements, service functions, humanistic elements, spatial form, and spatial style). The bottom-up generative design approach allows us to fully extract, concentrate, and balance the elements of the site to fit the design to the site's characteristics and the requirements of human activities, creating a unique site personality while facilitating the realization of the site's persistent use and sustainable development.

前 言 PREFACE

2020年6月29日，我受邀作为专家，出席江苏省住房和城乡建设厅组织召开的第十三届中国（徐州）国际园林博览会园博园规划设计方案专家咨询会。会后半年，组委会致电我，邀请我为该届园博园设计一个以上海合作组织为命题的大师展园。我初步答应后，随即，2020年12月28日，徐州新盛园博园建设发展有限公司申晨总裁、孙强总师等一行代表组委会和建设单位，来上海市园林科学规划研究院正式邀请我设计"徐州—上合友好园"。了解情况后，我非常高兴地接受了邀请。

从一名设计师的角度，感激的同时更有兴奋，"徐州—上合友好园"创作，对我而言是一个难得的存在，难得在表现其命题性的主题前提下，在一定场地、一定造价下，可以自由地发挥。所以，此次"徐州—上合友好园"设计建设中，我将我多年思考研究的现代风景园林有机生成理论、有机生成推演方法学以及相关城市困难立地高效园林绿化的科技创新成果等，创造性地转换为设计应用，力求用风景园林有机生成的设计方法去探索有机环境营造的新途径、新范式。

"徐州—上合友好园"的设计，摆在面前的，首先要对上海合作组织的精神内涵进行解码。上海合作组织"互信、互利、平等、协商、尊重多样文明、谋求共同发展"的"上海精神"、与"构建人类命运共同体"的理念，实际上是源于我国传统的"和合"思想，所以"徐州—上合友好园"的设计理念，厘定为基于"和合"文化思想基因的有机生成。在"徐州—上合友好园"有限的场地空间里，各国文化、意境与情感，通过一个看似很小，却是最基础、最温馨、最标志的"家园"主题，着力实现与世界的对话、交流和融合。所谓"美人之美，各美其美；各美其美，美美与共；美美与共，世界大同。"希望在"徐州—上合友好园"中，展现"人类命运共同体"的大同之美，展现凝练中华传统文化之精髓的和合之美。

我以为，风景园林设计创作，其核心问题是如何把握好意识形态还是反映物质形态，或者是感性表现还是理性表达等，是侧重艺术还是侧重技术，或者是倾向美学还是倾向科学等关系？这些矛盾关系与非矛盾关系，似乎一直是个理不清、无定论的问题，但是，风景园林设计师总是在创作中，每每必须给出有明确结果的答案。毋庸置疑的是，无论设计师选择如何，风景园林始终倒映着上层建筑与意识形态的灵魂，在展陈园林中更甚。

古今中外，优秀的风景园林设计作品往往如生长于特定场地之上的独特有机体，场地上各设计要素、空间、功能以及周边环境有机融合，形成一个各个部分相互关联、有机统一的景观系统。这正是由于风景园林设计作为一种创作活动，其本质是一个有机逻辑生成推演的过程。

"徐州—上合友好园"以有机生成设计方法学为理论基础，探索功能、场地、空间等在风景园林设计中的多维有机共生。场地面积仅2023m²，有限平面空间竖向高差达5m，顺应场地原始山形地势，生成场地轴线关系与竖向变化节奏；以母题拓扑同构为设计原形，生成8个层叠错落的"家园"展示空间，以"一带一路"串联；有机形成了"一带三区八园"的整体空间结构；结合本土树种与核心共生植物，应用团队发明的多种城市困难立地生态修复专利技术，构建丰富的近自然群落生境。细节上，设计遵循序位法则，通过景深的层层递进，山、水、石、植物等要素的有序搭配，创造了可持续生长的空间序列；连绵错落的台地家园、源于山形的折线围墙绿篱、灵动自由的游园路，运用整体法则，师法自然；空间开合、廊架转折、材料软硬、光影明暗、植物色彩等对比与协调，展现了均衡原则下富含节奏韵律的园林诗意与画境；由太极与莫比乌斯环形态推演出拓扑关系布局，以廊架框景、远山借景打破视域界限，展现无限合一法则；国家展园在家园形式布局的基础上，赋予植物、雕塑以文化风貌，或借以寄托情意、时空共情原则使抒情与造景在此浑然一体。此外，设计通过时空设计与立体主义探索表达手法，在有限的空间里，展示横穿世界、直达古今的自然生命之魅力。

"徐州—上合友好园"设计，以形而下的哲学本原为发端，去探索风景园林营建之形而上的意识形态、科学技术、人文艺术表达的内在逻辑；推演了其基于协调天、地、人和谐关系的"功用"本质；回归风景园林营建之核心支撑为"工程"根基。派生出园林人应持有的认知格局、创造途径及发展探索，即挖掘意识形态创造、发挥功能引导及释放工程技术成果表达。所以，撇开意识形态、上层建筑不说，在风景园林设计阶段，总是要以其科学技术为先导，并将其当代科学技术成果，通过风景园林设计营建这一载体展现出来，服务于大众。

此次，幸运地受邀、平生首次享受了一把真大师的待遇（让我这位"假大师"，也可以自由尽情发挥）。感恩之余，立此著以存念（由上海市园林科学规划研究院郑思俊、臧亭、李晓策、谢倩、舒婷婷、戴安荻、富婷婷、张冬梅、罗玉兰、黄芳、刘梅、孙哲等同事，协助完成编撰；装帧设计参考了《回望八皖·1991—2000张浪作品集——风景园林规划设计有机生成方法学溯源》一书），以期分享创作体会，以求听到同行们的指点与讨论，为感！

2022.12.05

目 录 CONTENTS

1 项目概览

OVERVIEW

1.1 背景
Background

　　自1997年在大连举办第一届中国国际园林博览会，开启了我国举办博览型园林展会的大门，至今已有26个年头。特别是近几年，每年都会有多个不同级别的园林展会在各地召开。在园林展会开办的初期，以主题展园为主，在2007年第六届中国国际园林花卉博览会上，国内首次尝试设计师主导的风景园林师花园，为我国的园林展会打开了一扇创新的大门。

　　2017年4月，徐州市启动第十三届中国国际园林博览会申办工作，于2020年成功获得承办权，经过两年的筹备和建设，于2022年11月胜利开幕。第十三届中国（徐州）国际园林博览会（简称"徐州园博会"）采取"1+1+N"联动建设模式：第一个"1"指一个主展园，展示真山真水；第二个"1"指一个副园址，位于云龙区的淮海国际会展中心，用于保障园博会新闻发布、学术论坛、成果展示等活动；"N"指N个分园址，突出惠民功能，分园址分散于多个生态修复项目地、市民公园、历史街区和绿色社区。该届园博会围绕"绿色城市，美好生活"主题，把"共同缔造""美丽宜居"理念融入其中，凸显"生态、创新、传承、可持续"特色，突出绿色发展建筑建造新技术，突出新时代城市发展建设新成果（锁秀等，2021）。

　　主展园徐州园博园位于徐州中心城区与东南组团之间的铜山吕梁域南侧，南邻黄河故道，地处重要生态绿地之上。规划设计范围总计205hm^2，其中可建设用地面积136hm^2，山林保护范围69hm^2，北至倪东村，南到县道X309，西临悬水湖，东侧以坳山为背景，山、水、林、湖等环境要素兼具（王筱南等，2022）。

　　总体规划设计尊重现状肌理与山水格局，重新梳理细化四岭之间的谷地，依山就势打造两条东西向谷地实体景观廊"秀满华夏廊""运河文化廊"和一条相对虚的串联南北岭湖的"徐风汉韵廊"，并以儿童友好中心为依托打造儿童游乐中心，形成"三廊一心"的总体设计布局（图1-1）（锁秀等，2021）。

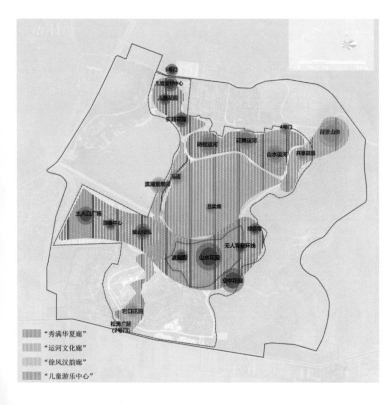

图1-1　徐州园博园规划设计结构图
（图片来源：第十三届中国（徐州）国际园林博览会园博园总体规划）

　　徐州园博会采用室外展和室内展两种形式，实景展现国内外城市绿色发展、生态修复、特色小镇建设的典型成果，呈现自然风貌与人造景观相得益彰的和谐美景；园内有国内城市展园、国外友好城市展园、企业展园、儿童园、教育花园、反映徐州当地历史文化的"徐派园林"园等；同时还建设了一些展馆，主要有企业展馆、生态自然馆、热带植物馆、综合展馆等，建成集博览园与5A级景区于一体的园博园（图1-2）（锁秀等，2023）。

秀满华夏廊
01 主入口
02 小型车停车场
03 大巴停车场
04 古月喷泉
05 观礼广场
06 集散园地
07 游客服务中心
08 望山依泓园
09 徐派园林园
10 清趣园
11 露天剧场
12 园中房 房中园
13 海山仙馆
14 竹技园（创意园）
15 箬笠广场（创意园）
16 一云落雨（国际馆）
17 美食广场
18 综合馆暨自然馆
19 三杉林
20 无人驾驶环线

徐风汉韵廊
01 2号门
02 宕口花园
03 滨湖景观带
04 马道
05 石山消防瞭望塔（吕梁阁）
06 卷玉（创意园）
07 企业馆
08 共享蔬菜园

运河文化廊
01 4号门
02 唐楼
03 游客服务中心
04 水观台
05 游船码头

儿童游乐中心
01 儿童花园
02 儿童友好中心
03 5号门
04 林园（创意园）
05 字屋（创意园）

其他
01 3号门
02 停车场
03 运营中心
04 堤顶路
05 卫生间
06 无废处理中心

图1-2　第十三届中国（徐州）国际园林博览会园博园规划图
（图片来源：第十三届中国（徐州）国际园林博览会园博园总体规划）

1.2 场地
Site

　　依据徐州园博园总体规划，"徐州—上合友好园"位于国际展园区中部，西临游客中心，东倚自然山林，南北衔接其他国外友好城市展园（图1-3）。场地占地面积为2023m²，现状标高73~78m之间，整体呈东北高、西南低的地势特征，西北远眺石山及园内标志性建筑吕梁阁，西南可远望隐龙山，自然景观资源优势显著（图1-4）。场地本底建设条件有较大的挑战，现状自然山石裸露，地下石层坚硬，植被稀少，土层贫瘠（图1-5~图1-7）（臧亭等，2021）。

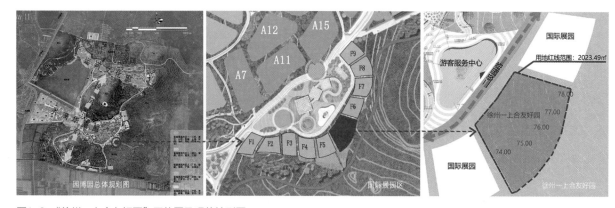

图1-3 "徐州—上合友好园"区位图及现状地形图
（图片来源：根据第十三届中国（徐州）国际园林博览会园博园总体规划绘制）

图1-4 "徐州—上合友好园"现状场地鸟瞰

图1-5　场地与周边关系

图1-6　场地现状

图1-7　场地现状（土壤剖面）

1.3 命题
Proposition

　　上海合作组织（英语：Shanghai Cooperation Organization，俄语：Шанхайская организация сотрудничества），简称"上合组织"（SCO、ШОС），于2001年6月15日在上海成立，是世界上幅员最广、人口最多的综合性区域合作组织，在增强成员国政治互信和凝聚力、深化各领域全方位合作、为各国人民谋利益、维护地区及世界和平稳定、促进发展繁荣等方面发挥着重要作用，目前主要包括哈萨克斯坦共和国、中华人民共和国、吉尔吉斯共和国、俄罗斯联邦、塔吉克斯坦共和国、乌兹别克斯坦共和国、巴基斯坦伊斯兰共和国、印度共和国在内共8个成员国。上合组织成立20年来，始终保持健康稳定发展势头，成功探索出一条新型区域组织的合作与发展道路。互信、互利、平等、协商、尊重多样文明、谋求共同发展的"上海精神"是本组织日益发展壮大的理念基础和行动指南，并被不断赋予新的时代内涵，得到各国人民的赞扬。

　　2020上海合作组织（徐州）地方区域合作交流会在江苏省徐州市召开（图1-8），会上宣布正式启动第十三届中国（徐州）国际园林博览会国际园中"徐州—上合友好园"的建设工作（图1-9）。

图1-9 徐州市委书记、市人大常委会主任周铁根与上海合作组织副秘书长舍拉里·卓农共同为"徐州—上合友好园"揭牌

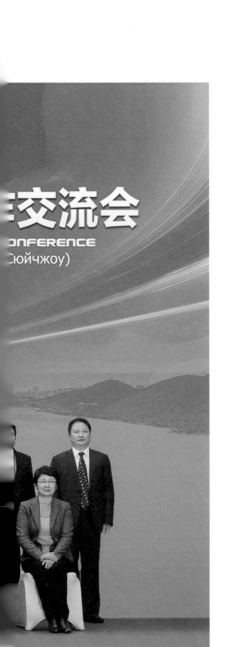

图1-8 2020上海合作组织（徐州）地方区域合作交流会

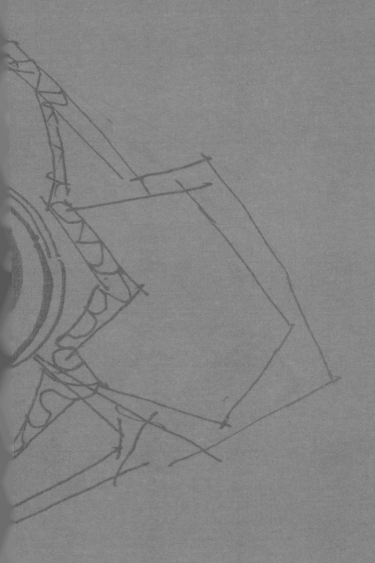

2 有机生成设计方法

THE ORGANIC GENERATIVE DESIGN METHOD

2.1 文化与理念的有机生成
Organic generation of culture and ideas

　　两千多年来具有生命力和适应性的中国传统"和合"思想精髓，及其不断拓展的丰富内涵，成为当今多极世界、多彩文明共同发展的智慧与共识。上海合作组织"尊重多样文明、谋求共同发展"的"上海精神"与"构建命运共同体"的思想内涵，源于中国传统"和合"思想。"徐州—上合友好园"融合"和合"文化思想基因，有机生成了"上合之美，美美与共"的设计理念，也将"美人之美，各美其美；和合之美，世界大同"贯穿全园的设计中，既传承了中华文明，也顺应了世界文明发展（张浪和富婷婷，2022）。

　　作为展园的"徐州—上合友好园"，应成为各国输出独特文化的价值窗口和展示场所，设计将多样的民族特色文化有机统一在"家园"的主题下进行对话、交流与碰撞。在多个"家园"展园中，通过将山水、小品、植物等园林景观要素及形象语言有机组合，生成直观的景观图景，叙述着各国独特文化的形、意与情。

2.2　空间结构的有机生成
Organic generation of spatial structure

通过对场地内资源特征、文化背景、空间形象等各要素、因子进行分析、推演、控制与拓扑同构（张浪，2018），有机生成了"徐州—上合友好园"的景观空间与结构。

——太极与莫比乌斯环

"和合"的经典图形释义即中国传统太极图，起源于人类利用圭表对太阳日影的观测。《易经》中有"易有太极，始生两仪"，两仪即为太极的阴、阳二仪。太极图中阴阳对立而又统一，相应而又合抱。无限的经典图形释义即莫比乌斯环（Möbius Band），于1858年被德国数学家莫比乌斯和约翰·李斯丁发现。莫比乌斯环即拿一张白的长纸条，把一面涂成黑色，然后把其中一端扭转180°，再把两端连上，一只小虫可以爬遍整个曲面而不必跨过它的边缘，并可无限循环。

莫比乌斯环与太极图是东西方不同的经典图形，但在含义表达上却有异曲同工之妙，同时精准诠释了无限与融合两个对立关系，具象表达了命运共同体的背后逻辑，传递了上海合作组织的内在精神（图2-1）（李晓策和张浪，2022）。

同时，在图形上莫比乌斯环强调立体空间，太极图强调平面空间，因此本次设计结合两个图形要素，形成景观设计平面、立面空间构成的起点。

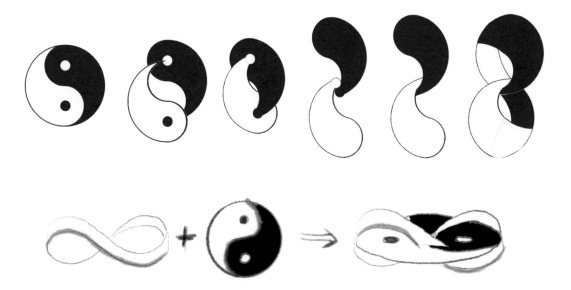

图2-1　莫比乌斯环与太极图融合抽象示意图

——母题拓扑同构

设计凝练徐州丘陵平缓山势，以描绘山形的折线进行整体空间的拓扑重构（图2-2）。在平面上，通过折线的组合、错动，将8个台地空间打造为极具节奏感的、相似且平等的多边形家园展区（图2-3、图2-4）。在立面上，以高低错落的斜墙与绿植呼应远山，并进一步限定展陈空间；以多彩的山形雕塑构筑，抽象建构莫比乌斯环无限意向，打造视觉焦点的同时形成多重框景，丰富园林空间层次（图2-5）。

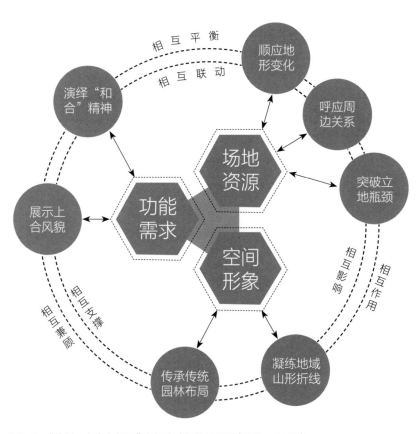

图2-2 "徐州—上合友好园"有机生成拓扑关系图（张浪，2018）

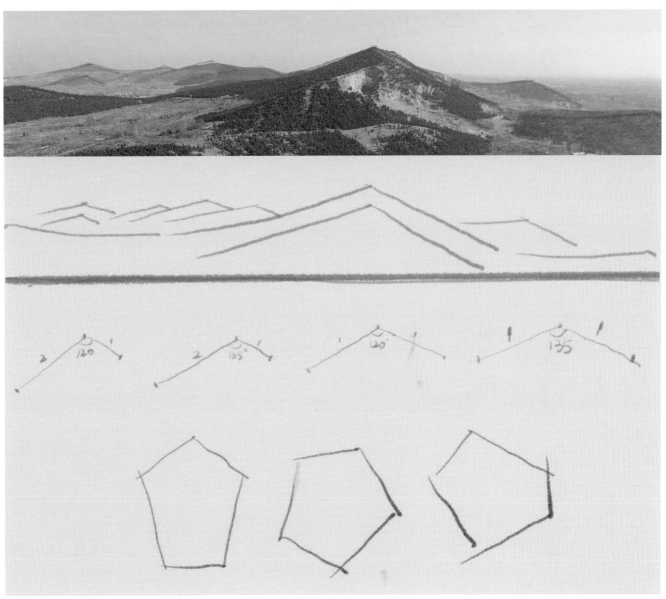

图2-3　山形的形态提炼分析图

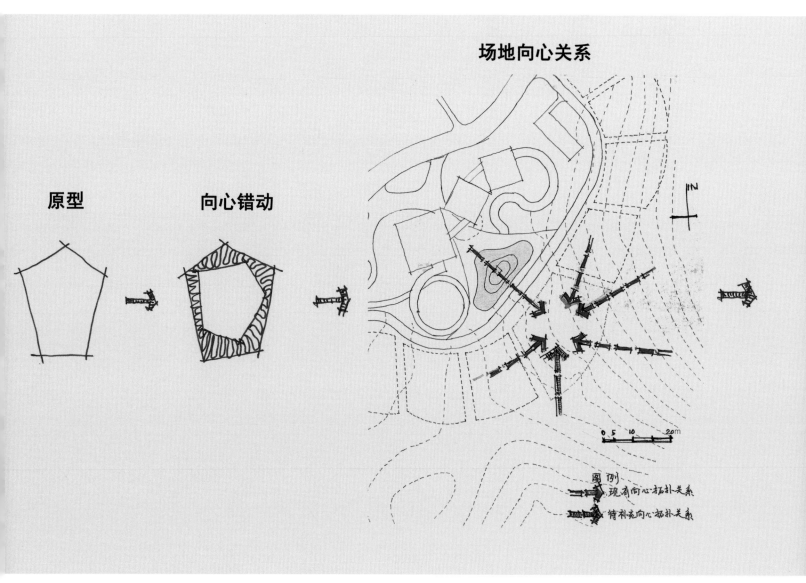

原型　　　　　　向心错动　　　　　　场地向心关系

图2-4　从模块单元到总体平面的有机生成分析图

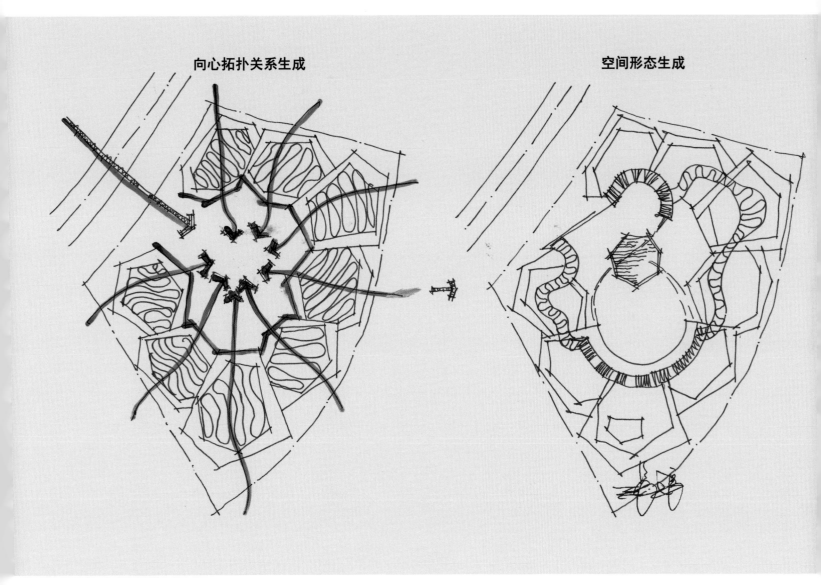

向心拓扑关系生成　　　　　　　　　　　　空间形态生成

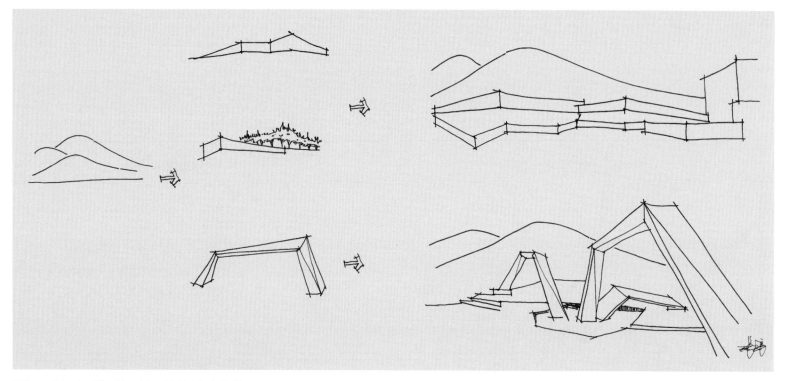

图2-5　源于山形的围墙、廊架形态的有机生成分析图

　　从功能需求考虑，"徐州—上合友好园"宣传功能需要通过室内展览呈现，因此确定展厅建筑的必要性和重要性，因为在选址上考虑在景观轴线上布置强调其焦点作用，但同时要兼顾展园的整体空间形态。因此，建筑平面应与台地式向心的空间布局相协调，并在高度上融入竖向的空间序列中。为了消解建筑的突兀感，可以通过半覆土建筑形式或选址在地势较低区域解决，而现状坚硬的石层地质限制建筑地基深度。这几方面因子互相影响，最终确定将建筑设置在场地地势较低的西南侧，形成"展园入口—中心水景—展厅建筑"的轴线关系，平面上延续多边形平面构成，形成扇形结构关系，立面采用多个标高自然衔接台地家园（图2-6、图2-7）。

图2-6　建筑位置及形态的有机生成分析图

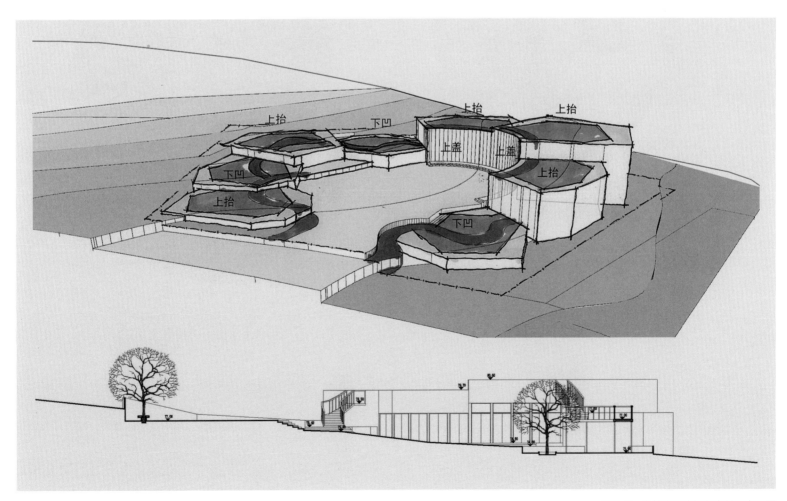

图2-7　台地家园空间竖向关系布局图

设计因势筑园，顺应徐州吕梁山脉的原始山形地势，将8个拓扑同构多边形，以台地方式顺势布置，层叠错落又向心围合，组成国际展园区和共同体区两个空间，再以水为中心将台地单元空间进行迴游式布置，高低错落、步移景异，形成了传统园林经典的"迴游庭院"空间（图2-8）；展览建筑融合在台地错层之中，构建室内展陈区；多边形单元间又以条带串联，有机自然地形成了"一带、三区、八园"的设计结构（一带：串联8个家园的条带园路；三区：展园区、共同体区、室内展陈区；八园：8个成员国的"家园"形态），延续了山之韵势，呼应了地之原形，也耦合了展览、展示功能（图2-9）（臧亭和张浪，2022）。

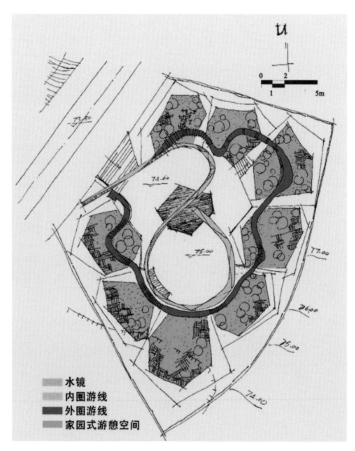

图2-8　游憩空间组织分析图

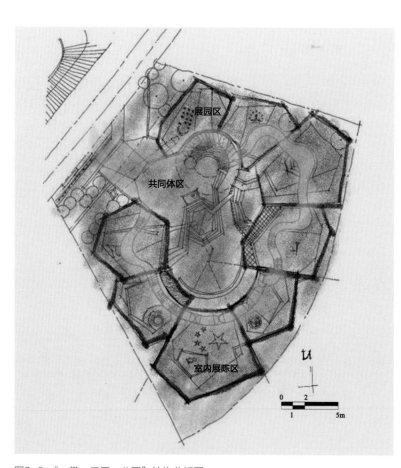

图2-9　"一带、三区、八园"结构分析图

——三维空间形态演绎

根据莫比乌斯环与太极图的图形特征，确定以太极图、莫比乌斯环分别为平面、立体空间的设计起点，并在此基础上衍生出三层平面构图，而立体空间扭动变化最终汇聚于平面的中心。

选择以莫比乌斯环与太极图两个国际化符号作为空间生成起点，提炼要素"S"及"阴阳"关系，通过拓扑同构具象表达平面、立面空间。

平面空间以"S"为骨架，向外围发散，形成多个独立的小空间，同时以"S"为纽带，虚实连接、错落串联8个"家园"，最终向心聚合，汇于场地中心下沉空间（图2-10、图2-11）。

竖向空间以横向"S"为起点，依据现状地势高差关系，增加一处展览建筑，形成场地高点，进而重塑台地的高差序列，强化立面的虚实关系及"S"形动势（图2-12）。

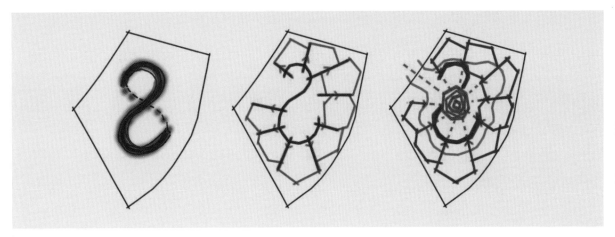

图2-10　平面构图的三个层次演变图

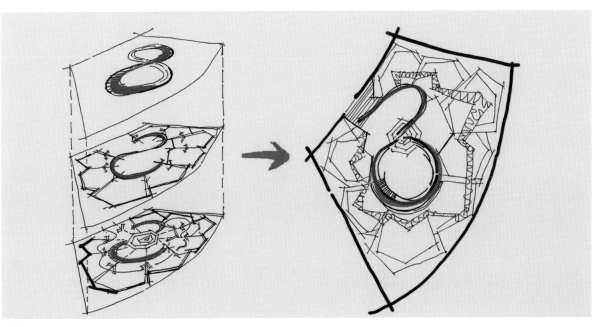

图2-11　平面叠加生成图

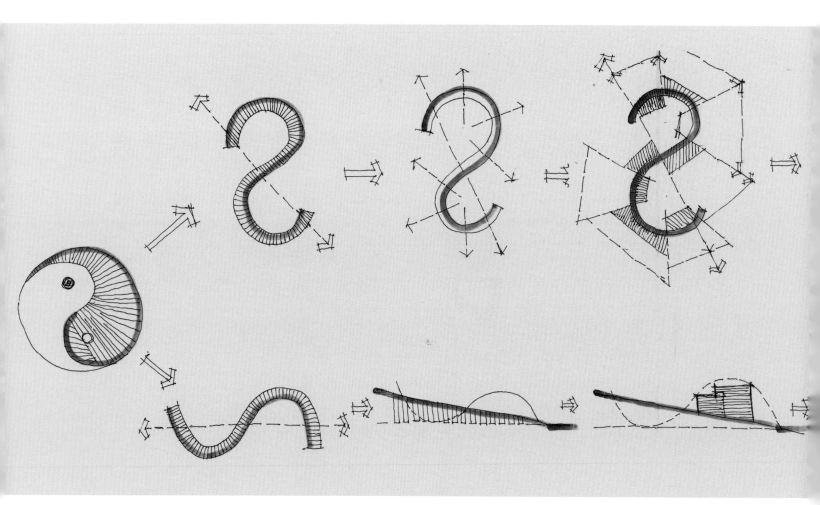

图2-12　太极及向心空间生成图

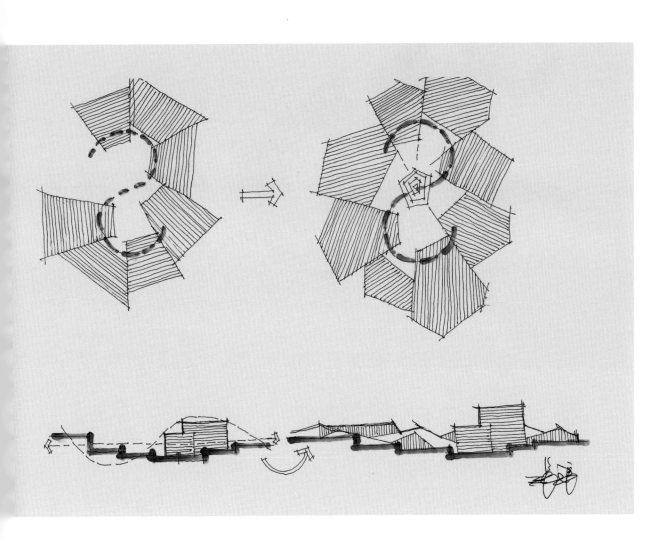

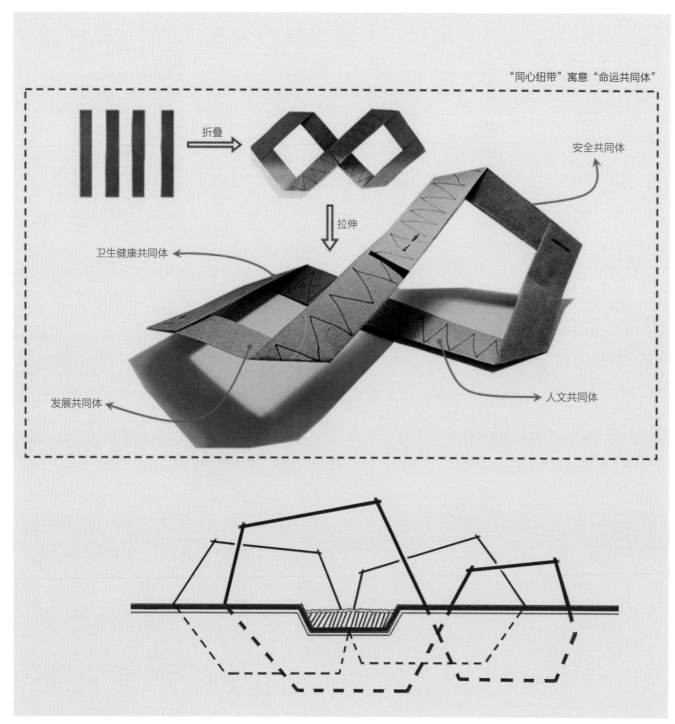

图2-13 立面构成概念图

　　在入口及中心广场穿插设置多组廊架，虚实联动地上、地下空间，扭动错落缝合平面、立面空间，构建多样变换、层次丰富的空间场景（图2-13）。

　　通过梳理各国文化中的色彩喜好，选择红色、黄色、蓝色、白色4种颜色作为廊架颜色，营造出热烈又充满生命力的设计风格（图2-14）。

　　从功能需求考虑，廊架除了景观观赏功能，需将使用者的行为心理作为重要因子，激发景观环境中人们观看、参与、交往等多种行为可能，在入口框景的太极廊架、中心水景的莫比乌斯廊架、北侧的弧形同心廊架等处营造可观、可游、可停的丰富空间。同时结合展园的空间开合变化和空间序列，廊架因地循势，通过组合形式、色彩变化，形成急缓变化、开合对比的空间序列感（图2-15、图2-16）。

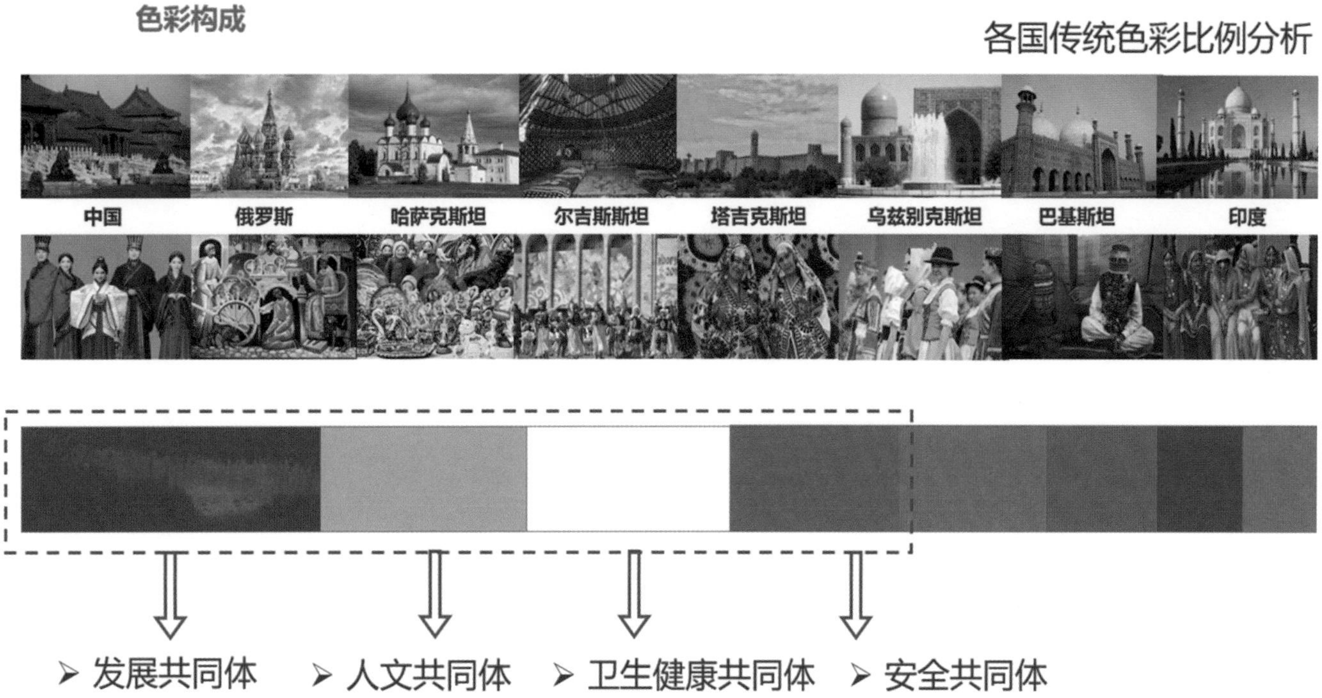

图2-14　廊架色彩生成图

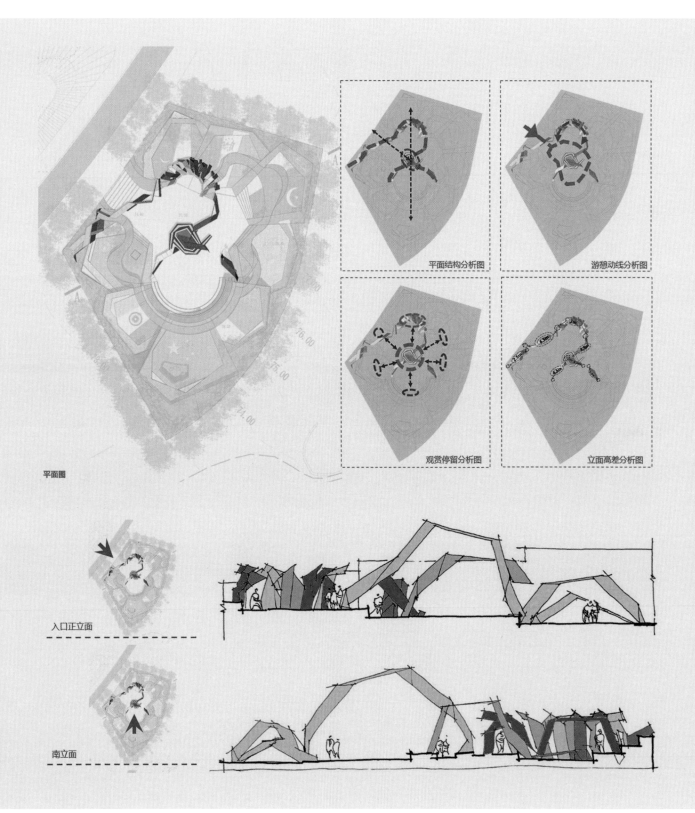

平面图

平面结构分析图

游憩动线分析图

观赏停留分析图

立面高差分析图

入口正立面

南立面

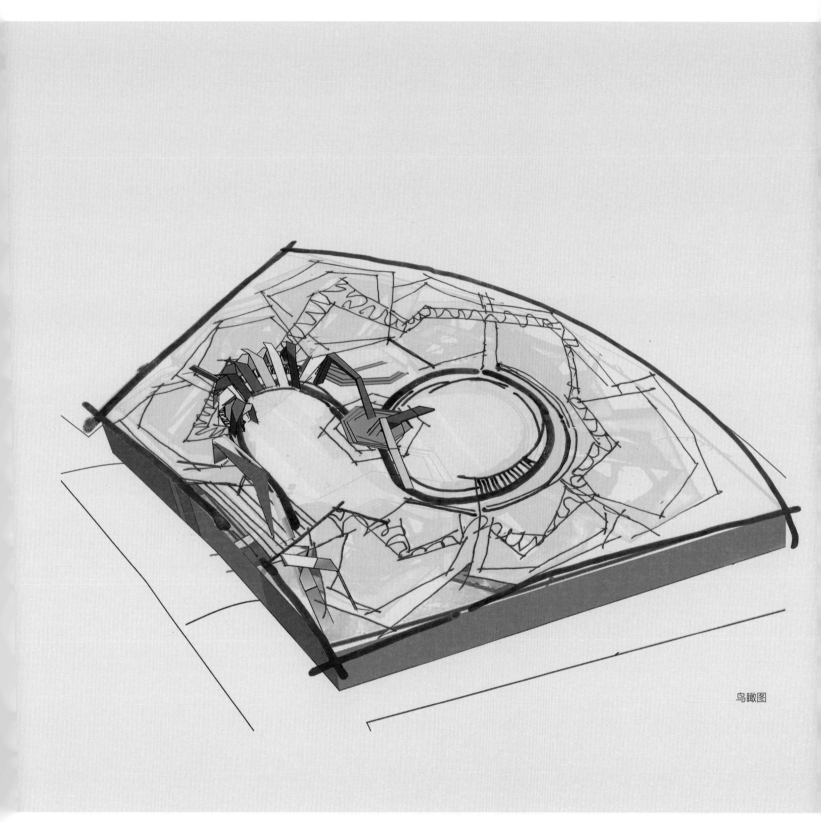

鸟瞰图

图2-15　廊架平面、立面及鸟瞰图

N

0 2

1 5m

图2-16 总体平面图

——立体主义设计

产生立体主义思想的设计源由有二:一是徐州汉画像石就有立体主义思想萌芽,在徐州汉画像石《侍者进食图》中(图2-17),侍者左顾右盼的脸部神态出现在一个时空平面中,体现了立体主义的多维视觉空间表现手法;二是国际展区各国展园之间因展出的内容、形式风格迥异,在同一空间中难以协调一致。通常的方法,都是通过遮挡或在展园间设计足够的过渡空间以消解相互影响。而"徐州—上合友好园"总面积仅2023m^2,设置8个成员国展园,过渡空间几乎没有可能。为了丰富地展现各民族的文化特色,立体主义设计会成为最完美的选择。

设计将8个平等且相对独立的空间串联。每一个相对独立空间,以充满自然景观为背景,用一个代表国家特征的形象(如巴基斯坦"家园")、故事(如俄罗斯"家园")、思想(如中国"家园")为主题,各自通过内部合理组景,独立叙事。空间虽小,却显得格外亲切温馨。国家民族文化特色、情感在空间中自由释放,空间中的一景一物,甚至是一束光影,都包含了在那里生活的人们的真切感受与记忆,营造了尊重民族及文化本真的存在,构建了空间认同感和个体安全感。串联独立"家园",展园区整体空间,形成立体的、多层多意的叙事空间。在这样的整体空间结构里,不同质事物以及空间叙事的多样性和非同时性,带来强烈的现代立体主义设计意义的同时,也会冲击着人们的传统逻辑。串联着的各个单元空间形成了多意、跳跃和立体的表达,使空间产生混乱感和挤压感。设计又将时间并置于空间,空间变成了历史的时空,时间可将空间向前延伸十多万年或更长,自然景观就拓扑成为主体,心空将人们又带回到记忆熟知的本源空间,心空回归稳定,空间实现自然流淌(图2-18、图2-19)。

图2-17 徐州汉画像石《侍者进食图》

图2-18　8个成员国"家园"立体主义表现示意图

图2-19 立体主义设计下的"家园"空间实景

2.3　景观环境的有机生成
Organic generation of landscape environment

　　"师法自然"是风景园林有机生成的灵魂。从审美的角度看，大自然是最美的风景，"徐州—上合友好园"景观不是设计与创造，而是梳理与顺应，让自然最美的部分呈现出来。

　　自然似乎总会有那么一些不符合人审美的地方，因为"自然不是以人的独自存在而存在的，人与多种生物共存才是自然的本真"。尽管"徐州—上合友好园"场地没有林、川、湖、草、沙的生态基底，在这块场地上营造森林或湿地也不现实，然而营建自然景观、生物多样性环境的目标和智慧不可或缺（图2-20、图2-21）。

图2-20　徐州园博园建设场地现状鸟瞰（土层瘠薄岗地、山坡地）

图2-21　设计团队场地调研

——植物群落系统构建

　　设计从植物群落配置入手，筛选20种徐州本土树种（乌桕、石楠、紫藤等）和20种生命周期长、生长稳定的抗逆植物，形成园内的基础生态位，配以40种核心共生植物种，包括以招引蝴蝶、昆虫类的17种，吸引鸟禽的14种，小动物的5种，以及树皮、碎木腐木等有益于微生物生存等植物材料，遵循生物多样性规律，有机、合理配置，营建生境，丰富园内的群落系统，生境景观也更具观赏价值（图2-22~图2-26，附表1~附表5）（舒婷婷等，2022）。

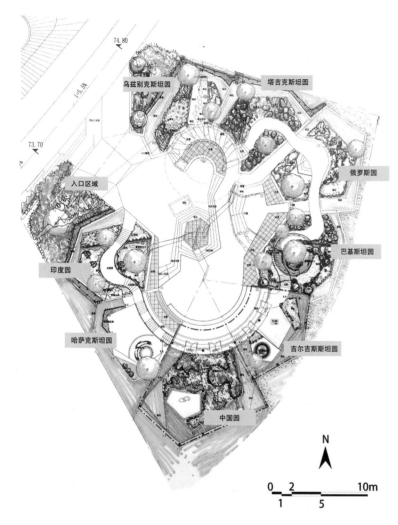

图2-22　种植平面图

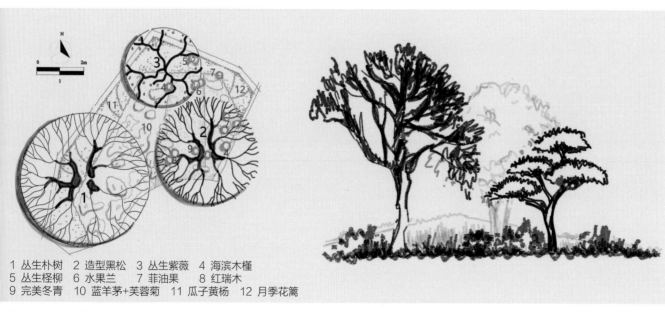

1 丛生朴树　2 造型黑松　3 丛生紫薇　4 海滨木槿
5 丛生柽柳　6 水果兰　7 菲油果　8 红瑞木
9 完美冬青　10 蓝羊茅+芙蓉菊　11 瓜子黄杨　12 月季花篱

图2-23　强高差植物群落平面图　　　　　　　　　图2-24　强高差植物群落立面图

紫穗槐
络石
鹰爪豆

土层瘠薄岗地、山坡地

珍珠绣线菊 华北香薷

垃圾填埋场

海滨木槿 柽柳 蓝冰柏

盐碱地

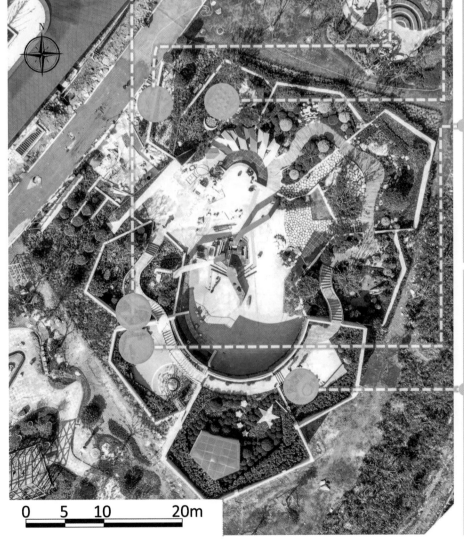

0 5 10 20m

城镇搬迁地

穗花杜荆
木槿
蜈蚣草

土壤层
土工布
固体废弃物细粒径
固体废弃物粗颗粒

150 150 100

立体绿化空间

火焰南天竹
种植基质层
土工布过滤层
排蓄水层
保护层
防水阻根层
佛甲草
金叶女贞 红萼苘麻

图2-25 困难立地类型与抗逆植物应用布局图

图2-26　"徐州—上合友好园"植物实景

——逆境修复生态技术选用

"徐州—上合友好园"针对目前城镇搬迁地、土层瘠薄岗地与山坡地、盐碱地、垃圾填埋场、立体绿化空间五大典型城市困难立地逆境胁迫问题，选择9种逆境修复生态技术，通过剖面、案例等方式进行科技展示与科普教育（图2-27、图2-28，附表6）。

图2-27 垃圾填埋场封场生态修复技术构造展示

图2-28 "徐州—上合友好园"逆境修复生态技术布局图

（1）多穴分层消纳固体废弃物技术应用[①]

该技术主要指在绿化场地形成一组凹面和凸面连续交替、相间形成的地基，利用粒径较大的固体废弃物形成凸面，使用不同粒径固体废弃物和枯枝落叶废弃物填筑种植穴凹面，最终覆土并种植乔木植物以消纳原场地固体废弃物，达到零输出（图2-29）。

上述专利技术在"徐州—上合友好园"应用时，主要选择展园山体破拆形成的碎石以及主体建筑施工时的碎砖、水泥块等固体废弃物，并结合哈萨克斯坦"家园"的特选紫薇以及石笼景观座椅，依照固体废弃物粒径、种植穴与石笼座椅形态分层消纳（图2-30~图2-32）（郑思俊等，2022）。

5 种植土层
4 细绿化植物废弃物层
2 细固体废弃物层
3 粗绿化植物废弃物层
2 细固体废弃物层
1 粗固体废弃物层

图2-29　多穴分层消纳固体废弃物技术示意图

① 专利号：ZL 201810206584.6

图2-30 "徐州—上合友好园"场地破拆碎石

图2-31 结合景观座椅和种植穴消纳固体
废弃物施工现场

图2-32 哈萨克斯坦"家园"固体废弃物
消纳实景

（2）乔木地下支撑技术应用②

该技术通过地上可调节树干固定装置和地下预制水泥固根框实现乔木支撑。地上装置用于环抱树干并与树根固定连接，地下装置由混凝土框架制成埋设在土中用于紧固树根，装置间通过锚栓和斜拉绳连接，以满足浅土层特殊条件下大乔木防风固根的要求，且安装和拆卸方便，可隐藏并与环境协调（图2-33）。

上述专利技术主要应用于乌兹别克斯坦"家园"造型黑松（胸径为15cm）的支撑固定。该黑松种植处有一块原山体遗留大石，造成种黑松植穴较小，同时展园场地土层较薄，瞬时风速较大，极易造成黑松倒伏。通过将地下水泥固根框与大石结合，并通过地面可调节装置将黑松受力传导至固根框与大石，可防止倒伏。同时，黑松的树干固定装置可根据黑松逐年生长的胸径进行大小调节（图2-34）。（郑思俊等，2022）

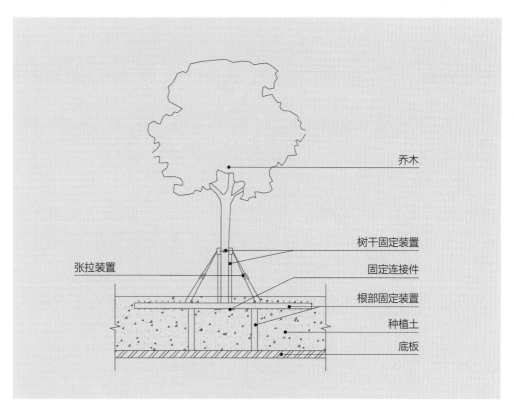

乔木

树干固定装置

张拉装置

固定连接件

根部固定装置

种植土

底板

图2-33　乔木地下支撑技术示意图

②　专利号：ZL 201810208762.9

图2-34 乌兹别克斯坦"家园"黑松地下支撑实景

（3）异型种植穴技术应用[③]

该技术根据绿化场地所在区域主导风向特点，设置乔木异型种植穴，横截面为内接于圆的多角星形，可根据种植区域风玫瑰图确定为多边异型。发明倡导基于自然的解决方案理念，通过定向促根提升大乔木的自生稳定性，节约根域种植土用量，节省物理支撑装置，降低工程造价，提升美观度（图2-35）。

上述专利技术主要应用于印度"家园"朴树（胸径为20cm），为展园的骨干乔木。该朴树异型种植穴主要根据徐州当地风玫瑰图，即盛行西南风以朴树树干为圆心进行多边异型种植穴设计与施工，并按此形状对朴树土球深度内土壤进行种植土更换，以定向促进朴树根系生长，增强其对主导风的抗性（图2-36）（郑思俊等，2022）。

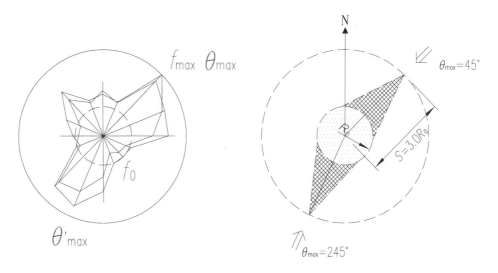

图2-35　异型种植穴设计示意图

图2-36　印度"家园"朴树异型种植穴实景

[③]　专利号：ZL 201922472929.5

（4）屋顶绿化土壤系统构建工程化技术应用④

通过梅花桩整体抬高屋顶绿化区域，以在种植区域和硬质铺装区域填筑土壤，使得整个屋面形成完整连续的土壤系统，以利于屋顶绿化植物根系生长连通，提升屋面绿化稳定性和可持续性（图2-37）。

上述专利技术主要应用于展园展览厅建筑屋顶的中国"家园"和吉尔吉斯斯坦"家园"屋顶绿化。本次展园展览厅建筑规模较小，屋顶面积较小，同时设计为可上人屋顶，且植物种植种类丰富，数量较多。因此，为提供植物根系生长的更大空间，通过梅花桩形式将两处屋顶的木栈道区域以及其他硬质空间区域抬高（平均抬高约20cm），并填充绿化种植土壤，以形成全屋面连续的土壤系统，有利于屋顶绿化植物的长期生长（图2-38、图2-39）（郑思俊等，2022）。

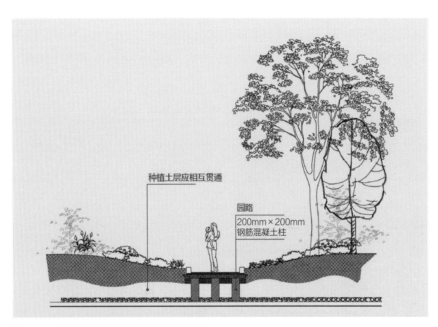

图2-37 梅花桩构建土壤系统技术示意图

图2-38 吉尔吉斯斯坦"家园"屋顶绿化构造 展示实景

图2-39 中国"家园"屋顶绿化实景

④ 专利号：ZL 201710169629.2；ZL 201410855236.3

（5）白玉兰"高抗砧木+高杆嫁接"技术应用⑤

该技术通过耐水湿、耐盐碱、耐贫瘠等试验筛选白玉兰种苗繁殖用砧木，同时采用高接换头嫁接技术，进一步提升白玉兰新品种的多种胁迫适应能力以及在短期内快速成苗能力，实现优质种苗标准化、规模化生产和本地化应用。

本次所用的白玉兰属于上海市园林科学规划研究院培育的新品种。自2008年开始，该单位采用实生选育的方法，培育出耐水湿能力强、观赏性强的4个白玉兰新品种。'千纸飞鹤'花瓣倒披针形，盛花时形似展翅飞翔的仙鹤，花期较白玉兰原种早2~3天；'红玉映天'花瓣11片，花色红艳且从始花至末花不褐化褪色，花香浓郁；'玉翡翠'花型奇特，外轮花瓣退化缩小为萼片状；'玉玲珑'花型小巧，外部基部呈淡紫红色，花量大（图2-40）。

'千纸飞鹤'

'红玉映天'

'玉翡翠'

'玉玲珑'

⑤ 专利号：ZL 201910144402.1

图2-40 抗逆白玉兰新品种应用实景

（6）专用配生土就地生产利用技术应用⑥

该技术通过可移动智能进料配生土生产装置（图2-41），利用原土及现场废弃物材料依据现场绿化种植土需求生产专用配生土，如"沃土型"、"消碱型"、"去污型"和"疏松型"等不同类型的配生土产品，就地生产和就地利用，以达到生态循环、节约成本的目的。

上述技术主要应用于本项目多个城市困难立地逆境的土壤系统重建，如垃圾填埋场、立体绿化空间。根据徐州山体土壤有机质含量极低（有机质含量低于1%）且极易流失的现状，利用徐州园博园场地土壤以及当地枯枝落叶等生物质废弃物生产"沃土型"配生土，用于展园骨干植物的种植（图2-42）。（郑思俊等，2022）

图2-41　配生土智能生产一体机实景

图2-42　配生土应用实景

⑥　专利号：ZL 2019208615144.4；ZL 201920860886.5

——时空设计

时空设计:"徐州—上合友好园"的景观环境,在场地有限的情况下,若要横穿世界,直达古今,赞颂上合之美和自然生命之魅力,时空设计尤为重要。"时"和"空"在"徐州—上合友好园"中各有其完整的结构而共存。这种独特时空结构使各元素在时空中自由穿梭、任由结合,而不显凌乱。"时"以不同的方式进入"空",形成对应、并置、隐喻、凝固、穿梭的关系或状态,呈现更加丰富、多元、多意的上合时空(图2-43)。

图2-43 "徐州—上合友好园"全景360°实景

　　时空对应：由展园区—室内展区—共同体区组成的"徐州—上合友好园"的主要空间结构，对应着过去—现实—超现实—未来。时间串联空间，空间通过组景叙事，时间为叙事交代逻辑（图2-44）。

图2-44　时空对应示意图

　　时空并置：设计将时间并置于国家展园空间中，空间被无限延伸，心空回归到记忆熟知的自然本源空间，时和空、心和空合一（图2-45）。

图2-45　人、园、景时空并置

　　时空隐喻：展园向心围合的共同体区，空间开敞，无过多景物设置。留白的空间设计，引无限遐想与憧憬，空间中充满着对未来期待的隐喻，营造未来时空的氛围（图2-46）。

图2-46　夜景光绘效果

时空凝固：展厅立面上悬挂着用黑白马赛克拼制的8个成员国经典建筑剪影风动幕墙，凝固了成员国人民引以自豪的记忆（图2-47、图2-48）。

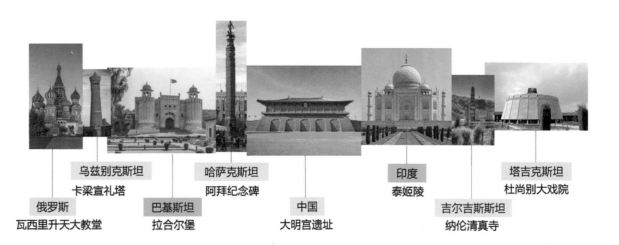

乌兹别克斯坦
卡梁宣礼塔

哈萨克斯坦
阿拜纪念碑

印度
泰姬陵

塔吉克斯坦
杜尚别大戏院

俄罗斯
瓦西里升天大教堂

巴基斯坦
拉合尔堡

中国
大明宫遗址

吉尔吉斯斯坦
纳伦清真寺

图2-47　8个成员国经典建筑的剪影

图2-48　展厅建筑立面由8个成员国经典建筑剪影构成的风动幕墙

时空穿梭："徐州—上合友好园"空间内，成员国过去、现在的文化特色及未来愿景，通过景观组景、结合现代3D打印与多媒体科技手段在开放和闭合的时空中交错呈现，穿梭灵动（图2-49~图2-59，附表7）。

图2-49　3D打印"瑞云峰"施工过程

图2-50　3D打印"瑞云峰"日照实景

图2-51　3D打印"瑞云峰"光照实景

生态技术展示
扫码点
扫码点
扫码点
扫码点
生态技术展示
生态技术展示
喷泉景观
扫码点
互动拍照
扫码点
生态技术展示
室内展陈
生态技术展示
生态技术展示
扫码点
生态技术展示

图2-52 互动体验点位及游客路线图

图2-53　引导互动小程序界面

图2-54　多媒体技术游客互动拍照

图2-55　游客参观展厅现场互动

图2-56 各科普点互动

图2-57　游客与中心广场喷泉互动

图2-58　游客游览8个成员国"家园"

图2-59　总设计师与游客互动

　　"徐州—上合友好园"的时空设计经过充分分析和考量，迎接自然界每天日出日落、每年春夏秋冬以及风吹雨打、蛙咕蝉鸣，带给展园时空丰富而千变万化的机遇（图2-60、图2-61）。

图2-60　核心植物共生实景

图2-61　鸟瞰实景

3 有机生成设计法则

THE ORGANIC GENERATIVE DESIGN RULE

3.1 序位法则
The ordinal rule

——序位法则是生成景观环境的内在秩序及和谐美的基础

    在"徐州—上合友好园"中直观可见的主景与次景、近景与远景形成的景观层次和景深（图3-1），以及景观元素组合、排列、配搭所形成的和谐悦目的视觉效果，既遵循着序位法则，也是序位法则有机生成推演的结果。设计通过遵循序位法则（人法地、地法天、天法道、道法自然）和序位伦理，使园内"山、水、石""乔、灌、草"有序搭配，群落组合，让"花、鸟、鱼、虫"各得其所，生生不息，奠定了"徐州—上合友好园"景观环境的有机秩序和可持续生长的内在环境条件（图3-2、图3-3）。

图3-1　景观层次（左：近景；右：远景）

图3-2 景深与层次实景

图3-3 正摄平面

3.2 整体法则
The holistic rule

——整体法则是"师法自然"的钥匙

"一峰则太华千寻，一勺则江湖万里""一花一世界，一叶一菩提"就是整体法则的极致概括。自然中的任何一种生命体，既是自然的缩影，又是自然的全部，而打开景观设计之中"师法自然"的钥匙就是有机整体法则。"徐州—上合友好园"的每一处空间，就是一幅自然的图景，感受着一片自然的氛围与生机。

高低错落的台地"家园"及建筑的天际线轮廓，园外侧连绵延续的折线形围墙和绿篱，都源于自然山形；园内的游路顺应地势和场地空间，得景随形，增添了灵动感和自由感（图3-4~图3-7）。

图3-4 折线形围墙实景

图3-5　植物配置林冠线实景

图3-6　廊架立面变化实景

图3-7　园路不同段实景

3.3　均衡法则
The equilibrium rule

——均衡法则是景观环境营造的具体手法与技法的核心方法

　　"日出江花红胜火，春来江水绿如蓝"（映衬），"沙头宿鸟联拳静，船尾跳鱼拨刺鸣"（动静），"一树春风千万枝，嫩于黄金软于丝"（对比）都是均衡法则的体现。均衡法则就是将互为对立的因素，进行对比、映衬、伸缩、错位和融合，以寻求量、质、度上的某种平衡。"徐州—上合友好园"将空间的大小、虚实，材料的长短、粗细，光影的明暗、阴阳，色彩的简单与丰富等按照景观平衡法则进行有机设计，以实现主次分明、明丽深邃、富含节奏与韵律的园林诗意与画境（图3-8～图3-13）。

　　展园区的设计元素包括游路、植物、雕塑等，共同体区则以较为简约的广场为主，两者形成丰富对比。共同体区通过增设大体量的彩色廊架增加广场的体量感，从而使两区在空间量感上平衡；展园区植物配置色彩丰富，廊架也采用明度较高的四种颜色交错使用，为了整体色彩的协调和平衡，展园区的雕塑采用了纯色的不锈钢材质融入多样的环境色，以白色围墙和深绿色绿篱为立面的背景映衬出丰富的色彩；入口处的太极廊架，以白色金属材质和立体绿化形成太极阴阳之势，造型、颜色简约，但体量较大；"家园"区的弧形同心廊架造型复杂，颜色丰富而高度较矮；中心广场的莫比乌斯廊架则由三个体量较小的单体模块组合形成扭结与向心凝聚之势。三段廊架开合对比、急缓变化，兼顾平衡有序。

图3-8　"家园"区空间闭合效果实景

图3-9　植物颜色对比实景

图3-10　入口景观与远山的呼应与平衡

图3-11　植物与硬质景观的质感对比实景

图3-12　雕塑颜色及质感对比实景

图3-13 植物、围墙及水景光影对比实景

3.4 有限无限法则
The finite & infinite rule

——有限无限法则是景观设计中时间、空间、组景与叙事的法宝

"竖划三寸，当千仞之高，横墨数尺，体百里之迥"，"咫尺乾坤，体尽无穷"。有限无限法则可谓是处理无限风景存在于有限之中的法则。有限构成无限，无限也包含有限，二者辩证统一。犹如阴阳太极和莫比乌斯环是无限和有限的完美合一。"徐州—上合友好园"的整体结构设计是由太极之势生成的（图3-14）；由莫比乌斯环生成的廊架，通过拓扑的旋转、扭动、伸缩，既有无限发散之势，又有有机组合相连，隐喻人类命运共同体与民族认同在这里合一。

有限无限法则也常常通过打破或构建界限的手法，布置景观的借景和画景、框景，前者让有限趋于无限，而后者则将无限收入画框中，让园内的景色和远处的吕梁山及吕梁阁，在游人的步移中，时而远借，时而入框，时而成趣，丰富多彩，这正是有限无限法则运用的妙手巧夺（图3-15~图3-18）。

图3-14　整体构图的太极之势示意图

图3-15　白色金属廊架与立体绿化植物对比，蕴含着阴阳相克相生

图3-16　有限的边界，无限的视野

图3-17 有限的实体，无限的视域

图3-18　有限的实体，无限的虚景

3.5　共情法则
The empathy rule

——共情法则以创造景观人性化为目的，支撑着创作的品位和艺术效果

　　营建"象外之象，景外之景；韵外之致，味外之旨"是时空共情法则的目标。景观设计就是协调景与境、物与心，客观与主观之间的融合与统一。共情法则是指导设计将物理空间中的"景"融入"情"和"意"，形成意象、情境，进而升华出意境的灵性空间，达到情景交融，心空与物空合一的艺术境界。

　　意象是景观意境的艺术形象，"意"是主观赋予作品的"思想"。"徐州—上合友好园"的共同体中心广场，与外侧环状排列8国"家园"形成强烈的向心动势，加之广场中心的莫比乌斯廊架通过角度变化形成三股凝聚之势，强化了向心的内在力量感，合作、团结的意象跃然而出（图3-19）。

　　情境是情感在景物中的寄托，"徐州—上合友好园"情境的表达是通过三种手法体现的：

　　"景中见情"："徐州—上合友好园"在植物、山、水、石等景物以及景物组成的景观中，处处可见文化情怀、自然生命的情感和合作的赤诚情谊。

　　"景中托情"：乌兹别克斯坦"家园"用蓝绿色的地被植物营造一片蓝色的水境，水境上托着象征着新生与希望的星和月，寄托着人们对水资源的向往之情和对未来的希望之情。

　　"情景并茂"：在上合8国"家园"中，各国风貌、"情怀"以家园形式布局，"亲情"与多种植物、雕塑、小品家具等景物融合，构成国家特色风貌与风情，抒情与造景在这里浑然一体（图3-20~图3-25）。

图3-19　莫比乌斯廊架向心动势鸟瞰

图3-20　植物与围墙的自然融合

图3-21 植物与铺装的自然融合

图3-22 雕塑与景观的自然融合

图3-23 施工时挖出的石材就地利用，与植物自然融合

图3-24　无障碍设计

图3-25　植物与木质园路的自然融合

　　意境是景观环境设计的心空之美韵，是物我合一、景人合一和情景交融的境界，是意象和情境的总和，也是共情法则的终结目标。从主客体看，"徐州—上合友好园"的设计，主观上希望达到景至、情至，充满意境，而对客体参观者更希望实现步移、景移、情移，激发共鸣共情，催生新意境，让"徐州—上合友好园"艺术再现新境界（图3-26~图3-52）。

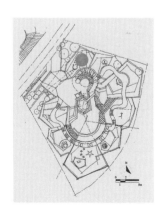

图3-26 乌兹别克斯坦"家园"平面索引

图3-27 乌兹别克斯坦"家园"植物实景

图3-28 乌兹别克斯坦"家园"雕塑实景

图3-29 塔吉克斯坦"家园"平面索引

图3-31　塔吉克斯坦"家园"植物实景

图3-30　塔吉克斯坦"家园"鸟瞰　　　　　　　　　　　　　　图3-32　塔吉克斯坦"家园"雕塑实景

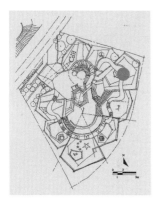

图3-33 俄罗斯"家园"平面索引

图3-34　俄罗斯"家园"小品实景　　　　　　　　　　　　图3-35　俄罗斯"家园"植物实景

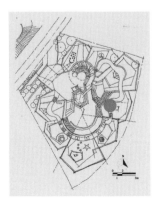

图3-36 巴基斯坦"家园"平面索引

图3-37　巴基斯坦"家园"鸟瞰

图3-38　巴基斯坦"家园"植物实景

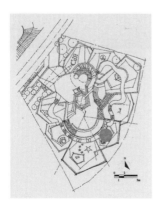

图3-39 吉尔吉斯斯坦"家园"平面索引

图3-41 吉尔吉斯斯坦"家园"植物实景

图3-40 吉尔吉斯斯坦"家园"鸟瞰

图3-42 吉尔吉斯斯坦"家园"雕塑实景

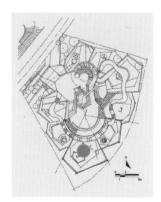

图3-43 中国"家园"平面索引

图3-45　中国"家园"植物实景

图3-44　中国"家园"鸟瞰

图3-46　中国"家园"雕塑实景

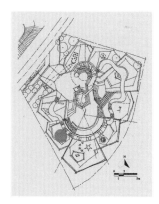

图3-47 哈萨克斯坦"家园"平面索引

图3-48 哈萨克斯坦"家园"鸟瞰　　　　　　　　　　　　　　　　　　　　　　　图3-49 哈萨克斯坦"家园"植物实景

图3-50 印度"家园"平面索引

图3-51　印度"家园"鸟瞰

图3-52　印度"家园"植物实景

附录

APPENDIX

附录1: 附表
Attached table

"徐州—上合友好园"核心共生植物名录 附表1

序号	植物	拉丁名	科	属	类型	核心共生吸引种类		
						昆虫	鸟禽	小动物
1	榉树	*Zelkova schneideriana*	榆科	榉属	落叶乔木		√	
2	黑松	*Pinus thunbergii*	松科	松属	常绿乔木			
3	紫薇	*Lagerstroemia indica*	千屈菜科	紫薇属	落叶乔木		√	
4	乌桕	*Sapium sebiferum*	大戟科	乌桕属	落叶乔木	√		
5	枸骨	*Ilex cornuta*	冬青科	冬青属	常绿灌木	√		
6	红叶石楠	*Photinia* × *fraseri* 'Red Robin'	蔷薇科	石楠属	常绿灌木	√	√	
7	紫藤	*Wisteria sinensis*	豆科	紫藤属	藤本			
8	玉簪	*Hosta plantaginea*	百合科	玉簪属	多年宿根			
9	矾根	*Heuchera micrantha*	虎耳草科	矾根属	多年草本			
10	针毛蕨	*Macrothelypteris oligophlebia*	金星蕨科	针毛蕨属				
11	千叶兰	*Muehlenbeckia complexa*	蓼目蓼科	千叶兰属	常绿藤本			
12	过路黄	*Lysimachia christiniae*	报春花科	珍珠菜属	多年草本			
13	鼠尾草	*Salvia japonica*	唇形科	鼠尾草属	一年草本	√		√
14	迷迭香	*Rosmarinus officinalis*	唇形科	迷迭香属	灌木			√
15	五色梅	*Lantana camara.*	马鞭草科	马缨丹属	直立灌木	√		
16	美丽胡枝子	*Lespedeza formosa*	豆科	胡枝子属	直立灌木			
17	紫穗槐	*Amorpha fruticosa*	豆科	紫穗槐属	落叶灌木			
18	花木蓝	*Indigofera kirilowii*	豆科	木蓝属	灌木			
19	鹰爪豆	*Spartium junceum*	豆科	鹰爪豆属	常绿灌木			√
20	绣线菊	*Spiraea* spp.	蔷薇科	绣线菊属	直立灌木	√	√	
21	月季	*Rosa* spp.	蔷薇科	蔷薇属	落叶灌木		√	
22	火棘	*Pyracantha fortuneana*	蔷薇科	火棘属	常绿灌木		√	
23	紫穗狼尾草	*Pennisetum alopecuroides*	禾本科	狼尾草属	多年生草本			
24	小兔子狼尾草	*Pennisetum alopecuroides* 'Little Bunny'	禾本科	狼尾草属	多年生草本			

续表

序号	植物	拉丁名	科	属	类型	核心共生吸引种类		
						昆虫	鸟禽	小动物
25	金叶女贞	*Ligustrum* × *vicaryi*	木樨科	女贞属	落叶灌木	√	√	
26	冬青	*Ilex purpurea*	冬青科	冬青属	灌木	√	√	
27	南天竹	*Nandina domestica.*	小檗科	南天竹属	灌木	√	√	
28	华北香薷	*Elsholtzia stauntonii*	唇形科	香薷属	直立半灌木	√		√
29	杜鹃花类	*Rhododendron simsii*	杜鹃花科	杜鹃属	常绿灌木	√	√	
30	醉鱼草	*Buddleja lindleyana*	马钱科	醉鱼草属	灌木	√		
31	景天	*Sedum* spp.	景天科	景天属	多年生草本	√		
32	马鞭草	*Verbena officinalis*	马鞭草科	马鞭草属	多年生直立草本	√		
33	大麻叶泽兰	*Eupatorium cannabinum*	菊科	泽兰属	多年生草本	√		
34	穗花牡荆	*Vitex agnus-castus*	马鞭草科	牡荆属	灌木	√		
35	地涌金莲	*Musella lasiocarpa*	芭蕉科	地涌金莲属	草本	√		
36	桂花	*Osmanthus fragrans*	木樨科	木樨属	灌木		√	
37	木槿	*Hibiscus syriacus*	锦葵科	木槿属	落叶灌木		√	
38	红花檵木	*Loropetalum chinense* var. *rubrum*	金缕梅科	檵木属	灌木		√	
39	蓝叶忍冬	*Lonicera korolkowii*	忍冬科	忍冬属	落叶灌木		√	
40	欧石竹	*Dianthus hybridus*	石竹科	石竹属	灌木			√

"徐州—上合友好园"微生物共生植物名录　　　　　　　　附表 2

序号	植物	拉丁名	科	属	生活型	共生类型
1	紫穗槐	*Amorpha fruticosa*	豆科	紫穗槐属	落叶灌木	豆科植物根瘤
2	花木蓝	*Indigofera kirilowii*	豆科	木蓝属	灌木	豆科植物根瘤
3	鹰爪豆	*Spartium junceum*	豆科	鹰爪豆属	常绿灌木	豆科植物根瘤
4	紫藤	*Wisteria sinensis*	豆科	紫藤属	藤本	豆科植物根瘤
5	绣线菊	*Spiraea* spp.	蔷薇科	绣线菊属	直立灌木	非豆科植物根瘤
6	月季	*Rosa* spp.	蔷薇科	蔷薇属	落叶灌木	非豆科植物根瘤
7	火棘	*Pyracantha fortuneana*	蔷薇科	火棘属	常绿灌木	非豆科植物根瘤
8	石楠	*Photinia serratifolia*	蔷薇科	石楠属	常绿灌木	非豆科植物根瘤
9	杜鹃	*Rhododendron simsii*	杜鹃花科	杜鹃属	常绿灌木	外生菌根
10	黑松	*Pinus thunbergii*	松科	松属	常绿乔木	外生菌根
11	紫穗狼尾草	*Pennisetum alopecuroides*	禾本科	狼尾草 属	多年生草本	内生菌根
12	小兔子狼尾草	*Pennisetum alopecuroides* 'Little Bunny'	禾本科	狼尾草 属	多年生草本	内生菌根

"徐州—上合友好园"乡土植物应用名录   附表 3

序号	植物名称	拉丁名	科	属	生活型
1	朴树	*Celtis sinensis*	榆科	朴属	落叶乔木
2	红枫	*Acer palmatum* 'Atropurpureum'	槭树科	槭属	落叶乔木
3	鸡爪槭	*Acer palmatum*	槭树科	槭属	落叶乔木
4	榉树	*Zelkova schneideriana*	榆科	榉属	落叶乔木
5	紫薇	*Lagerstroemia indica*	千屈菜科	紫薇属	落叶乔木
6	白玉兰	*Magnolia denudata*	木兰科	含笑属	落叶乔木
7	石楠	*Photinia serratifolia*	蔷薇科	石楠属	常绿灌木
8	桂花	*Osmanthus fragrans*	木樨科	木樨属	常绿灌木
9	瓜子黄杨	*Buxus sinica*	黄杨科	黄杨属	常绿灌木
10	枸骨	*Ilex cornuta*	冬青科	冬青属	常绿灌木
11	火棘	*Pyracantha fortuneana*	蔷薇科	火棘属	常绿灌木
12	法国冬青	*Viburnum awabuki*	忍冬科	荚蒾属	常绿灌木
13	南天竹	*Nandina domestica.*	小檗科	南天竹属	常绿灌木
14	金叶女贞	*Ligustrum* × *vicaryi*	木樨科	女贞属	落叶灌木
15	绣线菊	*Spiraea* spp.	蔷薇科	绣线菊属	落叶灌木
16	紫穗槐	*Amorpha fruticosa*	豆科	紫穗槐属	落叶灌木
17	木槿	*Hibiscus syriacus*	锦葵科	木槿属	落叶灌木
18	紫藤	*Wisteria sinensis*	豆科	紫藤属	藤本植物
19	络石	*Trachelospermum jasminoides*	夹竹桃科	络石属	藤本植物

"徐州—上合友好园"主要抗逆植物应用　　　　附表 4

城市困难立地类型	抗逆植物	抗逆性	拉丁文名	科属
城镇搬迁地	美丽胡枝子	耐干旱、耐贫瘠	*Lespedeza formosa*	豆科胡枝子属
	蜈蚣草	耐重金属污染	*Pteris vittata*	凤尾蕨科凤尾蕨属
	木槿	耐干旱、耐贫瘠	*Hibiscus syriacus*	锦葵科木槿属
	穗花牡荆	耐贫瘠	*Vitex agnus-castus*	马鞭草科牡荆属
土层瘠薄岗地、山坡地	紫穗槐	耐贫瘠	*Amorpha fruticosa*	豆科紫穗槐属
	地被月季	耐干旱、耐贫瘠	*Rosa* spp.	蔷薇科蔷薇属
	花木蓝	耐贫瘠	*Indigofera kirilowii*	豆科木蓝属
	鹰爪豆	耐贫瘠	*Spartium junceum*	豆科鹰爪豆属
	络石	耐贫瘠	*Trachelospermum jasminoides*	夹竹桃科络石属
盐碱地	柽柳	耐盐碱	*Tamarix chinensis*	柽柳科柽柳属
	海滨木槿	耐盐碱、耐贫瘠	*Hibiscus hamabo*	锦葵科木槿属
	蓝冰柏	耐盐碱、耐瘠薄	*Cupressus glabra* 'Blue Ice'	柏科柏木属
垃圾填埋场	醉鱼草	耐污染	*Buddleja lindleyana*	马钱科醉鱼草属
	珍珠绣线菊	耐污染	*Spiraea thunbergii*	蔷薇科绣线菊属
	华北香薷	耐污染	*Elsholtzia stauntonii*	唇形科香薷属
立体绿化空间	云南黄素馨	耐贫瘠	*Jasminum mesnyi*	木樨科素馨属
	火焰南天竹	耐高温	*Nandina domestica* 'Firepower'	小檗科南天竹属
	红萼苘麻	耐高温	*Abutilon megapotamicum*	锦葵科苘麻属
	金叶女贞	耐干旱、耐贫瘠	*Ligustrum* × *vicaryi*	木樨科女贞属
	佛甲草	耐干旱	*Sedum lineare*	景天科景天属

"徐州—上合友好园"主要植物品种季相名录　　附表 5

	中文名	拉丁名	J	F	M	A	M	J	J	A	S	O	N	D
乔木树种	造型黑松	*Pinus thunbergia*	■	■	■	■	■	■	■	■	■	■	■	■
	造型金桂	*Osmanthus fragrans* var. *thunbergii*	■	■	■	■	■	■	■	■	■	■	■	■
	石楠柱	*Photinia serratifolia*	■	■	■	■	■	■	■	■	■	■	■	■
	白玉兰	*Magnolia denudata*			■									
	紫薇	*Lagerstroemia indica*	■						■	■	■	■		■
	丛生乌桕	*Sapium sebiferum*	■							■	■	■	■	■
	丛生朴树	*Celtis sinensis*			■	■	■	■	■	■	■	■		
	榉树	*Zelkova serrata*										■	■	
	丛生元宝枫	*Acer truncatum*										■	■	■
	鸡爪槭	*Acer palmatum*				■	■	■	■	■	■	■		
	红枫	*Acer palmatum* 'Atropurpureum'			■	■	■	■	■	■	■	■	■	
灌木植物	红瑞木	*Cornus alba*	■	■	■	■	■	■	■	■	■	■	■	■
	银姬小蜡	*Ligustrum sinense* 'Variegatum'	■	■	■	■	■	■	■	■	■	■	■	■
	瓜子黄杨	*Buxus sinica*	■	■	■	■	■	■	■	■	■	■	■	■
	金叶女贞	*Ligustrum* × *vicaryi*	■	■	■	■	■	■	■	■	■	■	■	■
	蓝冰柏	*Cupressus glabra* 'Blue Ice'	■	■	■	■	■	■	■	■	■	■	■	■
	大花六道木	*Abelia* × *grandiflora*						■	■	■	■	■		
	红花绣线菊	*Spiraea japonica* 'Anthony Waterer'					■	■	■	■	■			
	珍珠绣线菊	*Spiraea thunbergii*			■	■								
	喷雪花	*Spiraea thunbergii*			■	■								
	醉鱼草	*Buddleja lindleyana*						■	■	■	■	■		
	蓝叶忍冬	*Lonicera korolkowii*			■	■	■				■	■		
	鹰爪豆	*Spartium junceum*					■	■	■					
	穗花牡荆	*Vitex agnus-castus*							■	■	■			
	海滨木槿	*Hibiscus hamabo*							■	■	■			
	蓝湖柏	*Chamaecyparis pisifera* 'Boulevard'	■	■	■	■	■	■	■	■	■	■	■	■
	厚皮香	*Ternstroemia gymnanthera*	■	■	■	■	■	■	■	■	■	■	■	■
	完美冬青塔	*Ilex chinensis*	■	■	■	■	■	■	■	■	■	■	■	■
	花叶柊树	*Osmanthus heterophyllus* 'Goshild'	■	■	■	■	■	■	■	■	■	■	■	■
	法国冬青	*Viburnum awabuki*	■	■	■	■	■	■	■	■	■	■	■	■
	绣球荚蒾	*Viburnum keteleeri* 'Sterile'				■	■							
	黄金枸骨塔	*Ilex x attenuate* 'Sunny Foster'	■	■	■	■	■	■	■	■	■	■	■	■
	红花檵木球	*Loropetalum chinense* var. *rubrum*	■	■	■	■	■	■	■	■	■	■	■	■
	火棘球	*Pyracantha fortuneana*	■	■	■	■	■				■	■	■	■

	中文名	拉丁名	J	F	M	A	M	J	J	A	S	O	N	D
灌木植物	火焰南天竹	*Nandina domestica* 'Firepower'	●	●	●	●	●	●	●	●	●	●	●	●
	橘黄崖柏	*Thuja occidentalis* 'Rheingold'	●	●	●	●	●	●	●	●	●	●	●	●
	铺地龙柏	*Juniperus chinensis* 'Kaizuca Procumbens'	●	●	●	●	●	●	●	●	●	●	●	●
	水果蓝	*Teucrium fruticans*	●	●	●	●	●	●	●					
	菲油果	*Acca sellowiana*	●	●	●	●	●	●	●	●	●	●	●	●
	美丽胡枝子	*Lespedeza formosa*						●	●	●	●			
	紫穗槐	*Amorpha fruticosa*					●	●	●	●	●	●		
	柽柳	*Tamarix chinensis*				●	●	●	●	●	●			
	花木蓝	*Indigofera kirilowii*					●	●		●	●			
	蜈蚣草	*Pteris vittata*			●	●	●	●	●	●	●	●	●	●
	红萼苘麻	*Abutilon megapotamicum*	●	●	●	●	●	●	●	●	●	●	●	
	地被月季	*Rosa* spp.				●	●	●	●	●	●	●		
地被植物	蓝羊茅	*Festuca glauca*	●	●	●	●	●	●	●	●	●	●	●	●
	芙蓉菊	*Crossostephium chinense*	●	●	●	●	●	●	●	●	●	●	●	●
	千叶兰	*Muehlenbeckia complexa*	●	●	●	●	●	●	●	●	●	●	●	●
	胭脂红景天	*Sedum spurium* cv. 'Coccineum'					●	●	●	●	●	●	●	
	细叶银蒿	*Artemisia austriaca*		●	●	●	●	●	●	●	●	●	●	●
	银香菊	*Santolina chamaecyparissus*	●	●	●	●	●	●	●	●	●	●	●	●
	小兔子狼尾草	*Pennisetum alopecuroides* cv. 'Little Bunny'	●	●	●	●	●	●	●	●	●	●	●	●
	墨西哥鼠尾草	*Salvia leucantha*								●	●	●	●	
	满天星	*Gypsophila acutifolia*						●	●	●	●	●		
	金边麦冬	*Liriope muscari* 'Variegata'	●	●	●	●	●	●	●	●	●	●	●	●
	金线柏	*Chamaecyparis pisifera* 'Filifera Aurea'	●	●	●	●	●	●	●	●	●	●	●	●
	蓝雪花	*Ceratostigma plumbaginoides*							●	●	●	●	●	
	火炬花	*Kniphofia uvaria*					●	●		●	●	●		
	紫叶千鸟花	*Gaura lindheimeri* 'Crimson Bunny'					●	●	●	●	●	●	●	
	紫穗狼尾草	*Pennisetum alopecuroides*	●	●	●	●	●	●	●	●	●	●	●	●
	拂子茅	*Calamagrostis epigeios*					●	●	●	●	●	●	●	
	玉簪	*Hosta plantaginea.*						●	●	●	●			
	矾根	*Heuchera micrantha*	●	●	●	●	●	●	●	●	●	●	●	●
	五色梅	*Lantana camara*	●	●	●	●	●	●	●	●	●	●	●	●
	地涌金莲	*Musella lasiocarpa*		●	●	●	●	●	●	●	●	●	●	●
	朱蕉	*Cordyline fruticosa*	●	●	●	●	●	●	●	●	●	●	●	●

续表

	中文名	拉丁名	J	F	M	A	M	J	J	A	S	O	N	D
地被植物	大麻叶泽兰	*Eupatorium cannabinum*							■	■	■	■	■	
	匍匐迷迭香	*Rosmarinus officinalis* 'Prostratus'		■	■	■	■	■	■	■	■	■	■	■
	龙舌兰	*Agave americana*	■	■	■	■	■	■	■	■	■	■	■	■
	木贼	*Equisetum hyemale*	■	■	■	■	■	■	■	■	■	■	■	■
	针毛蕨	*Macrothelypteris oligophlebia*			■	■	■	■	■	■	■	■	■	
	金叶石菖蒲	Acorus gramineus 'Ogan'	■	■	■	■	■	■	■	■	■	■	■	■
	美女樱	*Glandularia × hybrida*					■	■	■	■	■	■	■	
	柳叶马鞭草	*Verbena bonariensis*					■	■	■	■	■	■		
	欧石竹	*Dianthus hybridus*						■	■	■				
	过路黄	*Lysimachia christiniae*						■	■	■				
	香彩雀	*Angelonia angustifolia*						■	■	■	■	■		
	绣球	*Hydrangea macrophylla*						■	■	■				
	佛甲草	*Sedum lineare*			■	■	■	■	■	■	■	■	■	
	金边六月雪	*Serissa japonica* 'Variegata'						■	■	■	■	■	■	
	华北香薷	*Elsholtzia stauntonii*							■	■	■	■	■	
	络石	*Trachelospermum jasminoides*			■	■	■	■	■	■				

■ 观叶植物　　■ 观花植物　　■ 观果植物、观干植物

字母 JFMAMJJASOND 指代 12 个月份

"徐州—上合友好园"主要逆境修复生态技术应用　　附表6

类型	生态技术	专利号	概述
城镇搬迁地	多穴分层消纳固体废弃物技术	ZL 201810206584.6	利用乔木种植穴分层消纳不同粒径固体废弃物
土层瘠薄岗地、山坡地	乔木地下支撑技术	ZL 201810208762.9	通过可调节树干固定装置和地下预制水泥固根框实现乔木支撑
	生物质废弃物土壤改良技术	ZL 202021196648.8；ZL 201811187773.X	通过绿化废弃物、农业废弃物等生物质废弃物生产绿化土壤改良介质或种植土，用于改良土壤
盐碱地	盐碱地抗逆植物筛选配置技术	ZL 201810338635.0	通过耐盐能力、生态适应性等指标筛选场地绿化适生植物，并通过合理配置不同生活型植物以提升绿化植物群落适应能力，以实现盐碱地原土绿化
垃圾填埋场	异型种植穴技术	ZL 201922472929.5	根据当地主导风向设置异型树穴，定向引导根系生长，增强抗风性
立体绿化空间	屋顶绿化土壤系统构建工程化技术	ZL 201710169629.2；ZL 201410855236.3	构建整个屋面形成完整连续的土壤系统，以利于屋顶绿化植物根系生长连通
综合	专用配生土就地生产利用技术	ZL 201920861514.4；ZL 201920860886.5	利用原土及现场废弃物材料依据现场绿化种植土需求生产专用配生土
	树木健康监测技术	ZL 202121969656.6	针对主要绿化乔木建立树木"根－茎－枝"液流监测系统，依据监测实时数据营建树木移植后根系恢复生长最佳环境条件，以解决全冠乔木移植成活率低、恢复慢、长势弱等难题
	白玉兰"高抗砧木＋高杆嫁接"技术	ZL 201910144402.1	通过耐水湿、耐盐碱、耐贫瘠等试验筛选白玉兰种苗繁殖用砧木，同时采用高接换头嫁接技术

"徐州—上合友好园"动态引导路线内容策划　　　　附表 7

类型	项目	内容	线上	线下
科普功能	逆境：垃圾填埋场	生物质废弃物土壤改良技术，通过剖面直观地展示垃圾填埋场内部构造的材质和原理，同时利用生物质废弃物土壤改良技术和富集植物筛选技术解决垃圾填埋场地面绿化面对的二次污染的复合胁迫问题	√	√
	逆境：盐碱地	盐碱地抗逆植物筛选配置技术，利用耐盐碱植物群落的种植，展示盐碱地抗逆植物筛选配置技术	√	√
	逆境：受损山体	通过解决植物定植和土壤养分流失的关键绿化技术让植物在山体快速生长	√	√
	逆境：城镇搬迁地	多穴分层消纳固体废弃物技术，结合景观地形营建、休憩设施营建和乔木种植等绿化技术就地消纳固体废弃物	√	√
	逆境：屋顶绿化技术	屋顶绿化土壤系统构建工程化技术，在屋顶花园内通过窗口对屋顶绿化土壤结构层的材质和构造进行直观展示	√	√
	上海合作组织	利用室内展陈、小程序答题和主题家园对上海合作组织的基本信息及与徐州的合作共赢展开宣传	√	√
娱乐功能	喷泉	中心水面及中心广场周边的水面在游客成功完成 8 个答题后触发的喷泉，为展园带来活力和乐趣		√
	音乐	游客按要求完成 8 个答题后，将触发上海合作组织成员国本土音乐的播放		√
	互动拍照	利用 kinet 技术，将特定范围内的人体轮廓与现实环境区分，并将现实背景替换成上海合作组织成员国的优美风光		√
	抽奖	游客按要求完成 8 个答题后，可进行线上抽奖，获得虚拟和实物奖励	√	
引导功能	线上答题	由于奖励和互动趣味的吸引，游客将依据线上答题的要求，依次进入 8 个主题花园，完成展园的游览	√	√

附录2："徐州—上合友好园"设计与施工过程掠影
A snapshot of the design and construction process of "Xuzhou-SCO
Friendship Garden"

1. 总规交底与踏勘场地

附图1　2021年1月12日，徐州园博会组委会和建设单位向设计单位介绍徐州园博园总体方案

附图2　徐州园博园建设单位陪同设计团队踏勘现场

附图3　设计团队向徐州园博会组委会和建设单位向设计单位汇报 "徐州—上合友好园" 设计初步构思

2. 设计创作

附图4　2021年1月，设计团队在张浪劳模创新工作室进行多轮方案构思

附图5　2021年2月，设计团队在张浪劳模创新工作室进行多轮方案深化讨论

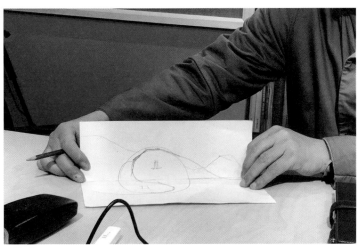

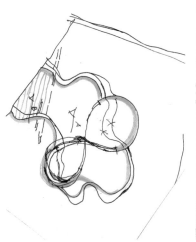

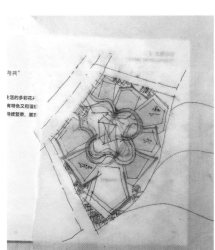

附图6　方案初步构思手绘稿

附图7 2021年3月，设计团队在张浪劳模创新工作室进行多轮方案深化讨论

附图8　2021年4月，设计团队在张浪劳模创新工作室对方案进行再优化讨论

附图9　2021年9月，设计团队在张浪劳模创新工作室就种植设计及生态技术应用与展示专项进行方案深化讨论

3. 设计交底与放线

附图10　2021年6月，设计团队于现场进行设计交底工作

附图11　设计团队调研场地与周边园路高差

4. 施工验线与现场交流

附图12　2021年7月，设计团队前往现场根据实际情况对方案进行现场调整优化

附图13　设计团队进行土壤样品采集等工作

附图14　2021年8月，设计团队前往现场查看进度，并进行施工指导

附图15　2021年10月，廊架构筑物进场，设计团队在现场进行施工指导

附图16　2021年10月，设计团队前往现场查看进度，并进行施工指导

附图17　航拍工程整体建设情况

附图18　2021年10月，设计团队于现场进行建筑屋顶绿化施工指导

附图19　建筑风动幕墙安装

附图20　3D打印"瑞云峰"现场施工

5. 开园

附图21 2022年11月6日，住房和城乡建设部副部长秦海翔、徐州市市委书记宋乐伟、徐州市市长王剑锋、江苏省住房和城乡建设厅厅长周岚、中国工程院院士王建国等多位领导与专家莅临"徐州—上合友好园"

附图22　2022年11月6日，中国公园协会会长刘家福、中国建筑学会副理事长曹嘉明、全国工程勘察设计大师韩冬青等多位领导与专家莅临"徐州—上合友好园"

附录3：项目信息
Project information

第十三届中国（徐州）国际园林博览会园博园信息
The 13th China (Xuzhou) International Garden Expo Garden Project Information

主办：住房和城乡建设部，江苏省人民政府

Sponsor: Ministry of Housing and Urban-Rural Development, Jiangsu Provincial People's Government

承办：徐州市人民政府，江苏省住房和城乡建设厅

Organizers: Xuzhou Municipal People's Government, Jiangsu Provincial Department of Housing and Urban-Rural Development

建设单位：徐州新盛园博园建设发展有限公司

Construction Unit: Xuzhou Xinsheng Expo Garden Construction and Development Co., LTD

总承包单位：徐州市九州生态园林股份有限公司

General Contractor: Xuzhou Jiuzhou Landscape and Ecology Co., LTD

总体规划设计单位：深圳媚道风景园林与城市规划设计院（总规划师：何昉）

Master Planning and Design Unit: Shenzhen Meidao Landscape Architecture and Urban Planning and Design Institute. (Chief Planner: He Fang)

本项目信息
Project information

项目名称：第十三届中国（徐州）国际园林博览会"徐州—上合友好园"设计

Project: Landscape Design of "Xuzhou-SCO Friendship Garden" of the 13th China (Xuzhou) International Garden Expo

项目设计时间：2020-2021年

Project Design Time: 2020-2021

项目建设时间：2021年3月-2021年8月

Project Construction Time: March 2021-August 2021

设计单位：上海市园林科学规划研究院张浪劳模创新工作室

Design Unit: Shanghai Academy of Landscape Architecture Science and Planning, Zhang Lang Model Worker Innovation Studio

施工单位：上海上房园艺有限公司　上海市园林科学规划研究院

Construction Unit: Shanghai Shangfang Horticulture Co., LTD，Shanghai Academy of Landscape Architecture Science and Planning

监理单位：徐州天元项目管理有限公司

Supervisor: Xuzhou Tianyuan Project Management Co., LTD

设计团队
Design unit

总设计师：张浪

Chief Designer: ZHANG LANG

园路、竖向设计：臧亭　李晓策　张美荣

Road & Vertical Design: Zang Ting, Li Xiao-Ce, Zhang Mei-Rong

建筑、小品设计：臧亭　李晓策　徐伟

Architectural & Sketch Design: Zang Ting, Li Xiao-Ce, Xu Wei

种植设计：舒婷婷　黄建荣　罗玉兰　路岳玮　张美荣

Planting Design: Shu Ting-Ting, Huang Jian-Rong, Luo Yu-Lan, Lu Yue-Wei，Zhang Mei-Rong

生态技术展示：郑思俊　张冬梅

Ecological Technology: Zheng Si-Jun, Zhang Dong-Mei

室内外展陈设计：谢倩　徐亮亮

Exhibition Design: Xie Qian, Xu Liang-Liang

"瑞云峰" 3D打印：张青萍　董芊里　魏天恒

"RuiYunfeng" 3D Printing Design: Zhang Qing-Ping, Dong Qian-Li, Wei Tian-Heng

印度园专项设计：刘晖　许博文　鲍璇

India Garden Special Design: Liu Hui, Xu Bo-Wen，Bao Xuan

新优品种选用专项：张冬梅　罗玉兰　江文林

Selection of New Excellent Varieties: Zhang Dong-Mei, Luo Yu-Lan, Jiang Wen-Lin

多媒体后期制作：曹海荣　戴安荻

Multimedia Post-production: Cao Hai-Rong, Dai An-Di

图片索引
PICTURE INDEX

参考文献
REFERENCES

［1］张浪．论风景园林的有机生成设计方法[J]．园林，2018（04）：60-63．

［2］张浪，富婷婷．功能、场地、空间的耦合共生——基于风景园林有机生成的徐州—上合友好园设计推演[J]．园林，2022，39（04）：38-44+81．

［3］臧亭，李晓策，张浪，郑思俊，谢倩．上合之美 美美与共——第十三届中国（徐州）国际园林博览会"徐州—上合友好园"设计解析[J]．园林，2021，38（09）：18-24．

［4］李晓策，张浪．无限·合一——第十三届中国（徐州）国际园林博览会徐州—上合友好园景观主题设立及表达[J]．园林，2022，39（04）：45-50．

［5］臧亭，张浪．基于空间生成方法的当代山地园林空间设计表达——以第十三届中国（徐州）国际园林博览会徐州—上合友好园为例[J]．园林，2022，39（04）：51-57．

［6］舒婷婷，罗玉兰，张浪，郑思俊，路岳玮，徐亮．基于植物群落学及和合美学的植物造景——以第十三届中国（徐州）国际园林博览会徐州—上合友好园为例[J]．园林，2022，39（04）：58-68．

［7］郑思俊，张浪，谢倩，李晓娇，罗玉兰，舒婷婷，路岳玮，黄建荣．城市困难立地风景园林营建的生态技术筛选与应用——以第十三届中国（徐州）国际园林博览会徐州—上合友好园为例[J]．园林，2022，39（04）：23-29．

［8］谢倩，郑思俊，李晓策，臧亭，刘晖．基于E时代互动体验的园林展陈设计表达——以第十三届中国（徐州）国际园林博览会徐州—上合友好园为例[J]．园林，2022，39（04）：76-80．

［9］锁秀，何昉，王筱南，沈悦，马晓玫．生生不息 大美大舒——第十三届中国（徐州）国际园林博览会园博园总体规划解析[J]．园林，2021，38（09）：2-9．

［10］王筱南，马晓玫，何昉，罗茹霞，吴泰毅．园博园建设创新技术应用与总控探析——以第十三届中国（徐州）国际园林博览会园博园为例[J]．园林，2022，39（04）：14-22+37．

［11］锁秀，沈悦，马晓玫，何昉．第十三届中国（徐州）国际园林博览会园博园技术设计解析[J/OL]．风景园林，2023-01-14[2023-01-17]．http://kns.cnki.net/kcms/detail/11.5366.s.20230114.1639.001.html．